跟名师读
《老人与海》

陶红亮 编著　冰河插画 绘

海洋出版社

图书在版编目（CIP）数据

跟名师读《老人与海》 / 陶红亮编著 . -- 北京 ：海洋出版社，2021.12

ISBN 978-7-5210-0754-1

Ⅰ．①跟… Ⅱ．①陶… Ⅲ．①海洋—青少年读物 Ⅳ．① P7-49

中国版本图书馆 CIP 数据核字（2021）第 122915 号

跟 名 师 读
《老人与海》GEN MING SHI DU《LAO REN YU HAI》

总 策 划：刘 斌

责任编辑：刘 斌

责任印制：安 淼

排　　版：冰河文化

出版发行：海洋出版社

地　　址：北京市海淀区大慧寺路 8 号（716 房间）

　　　　　100081

经　　销：新华书店

技术支持：(010)62100055

发行部：(010) 62100090　　(010) 62100072（邮购部）

　　　　　(010) 62100034 （总编室）

网　　址：www.oceanpress.com.cn

承　　印：北京中科印刷有限公司

版　　次：2022 年 2 月第 1 版

　　　　　2022 年 2 月第 1 次印刷

开　　本：787mm×1092mm 1/16

印　　张：7.25

字　　数：92.8 千字

印　　数：1 ～ 4000 册

定　　价：38.00 元

本书如有印、装质量问题可与发行部调换

前言
PREFACE

　　欧内斯特·米勒尔·海明威是美国当代文学史上最著名的小说家之一。他出生于芝加哥郊区的奥克帕克，出生不久，全家就搬到了密歇根州的瓦隆湖边。在这里，海明威嬉戏玩耍，自由而快乐地度过了自己的童年时光，正是这段长期与大自然接触的经历，激发了他对野外生活的向往。他的父亲爱好钓鱼、打猎等活动，母亲则喜欢绘画和音乐，海明威从小就耳濡目染，并且深受其父母的影响。

　　第一次世界大战爆发后，海明威辞掉记者的工作，来到了意大利战场。1923 年，他发表了自己的第一部长篇小说《三个短篇小说和十首诗》。1929 年，海明威发表了长篇小说《永别了，武器》。第二次世界大战期间，海明威以战地记者的身份参加了解放巴黎的战斗，随后又加入了西班牙内战。1940 年，海明威发表了小说《丧钟为谁而鸣》。

　　海明威于 1952 年发表了《老人与海》，这本小说一经问世，便赢得了广泛的关注，1953 年获得了美国普利策奖。1954 年，海明威荣获了诺贝尔文学奖，由此奠定了在文学界的突出地位。众多学者高度评价《老人与海》，认为其具有"一种无可抗拒的美"。就连海明威本人也曾说过："这是我这辈子写得最好的一部小说了。"然而，获奖后的海明威因为心理压力而患上了抑郁症，最终选择了与他祖父和父亲一样的方式——自杀结束了自己的生命。这颗文学界巨星的陨落，让无数人唏嘘、惋惜不已。

　　作为海明威最著名的作品之一，《老人与海》是基于真人真事创作出来的。故事中的老渔夫圣地亚哥的原型是海明威移居古巴时认识的一位老渔夫格雷戈里奥·富恩特斯。在一次危机中，老渔夫格雷戈里奥·富恩特斯救了海明威一命，两人结下了深厚的友谊。1936年，富恩特斯在出海捕鱼的时候，捕到了一条大鱼，随后遭到了鲨鱼的袭击，最后只能拖着一具巨大的鱼骨返回港湾。海明威对这一故事进行加工，创作出了这部脍炙人口的小说。

《老人与海》用艺术性的写作手法、简洁的语言，将老渔夫圣地亚哥与对手顽强搏斗的事迹生动、形象、细腻地表现出来。

故事讲述了一位老渔夫圣地亚哥在连续八十四天都没有捕到鱼的情况下，孤身一人到远海捕鱼。在漫长的等待中，一条比船还要大的大马林鱼终于上钩了。在与大马林鱼斗智斗勇的持久战中，老人忍受着伤痛、孤独、饥饿和无望，毫无畏惧、不折不挠、勇往直前，最终在海上耗时三天之后将这条大鱼杀死。他把杀死的大马林鱼绑在自己的小船边上，然后扬帆返程。

在归途中，这条被杀死的大马林鱼身上的血腥味吸引了一群凶狠的鲨鱼，它们纷纷追逐而来。这些鲨鱼不断袭击大马林鱼，但老人并没有放弃自己辛辛苦苦钓到的大鱼，而是勇敢地与这些让人心惊胆战的鲨鱼展开了激烈的搏斗。但是，圣地亚哥的意志再坚强，也终究无法与如此强悍的大自然生物相抗衡，最终的结果必然是失败的。老人最后返回港湾时，大马林鱼已经被鲨鱼吃光，只剩下鱼头、一根长长的脊骨以及鱼尾。在这场力量悬殊的斗争中，老人认为自己失败了，因为他没能护住自己的大鱼，但是他奋起拼搏的身影是如此高大，这样的老人，我们又怎么能说他失败了呢？

老渔夫圣地亚哥是一个勇敢而不折不挠的斗士。他连续八十四天都没有捕到鱼，面对人们的嘲笑，没有一蹶不振，而是不服输，决意捕到一条大鱼证明自己。在海上，他与大马林鱼斗智斗勇了三天，受伤过、饥饿过、无望过，最终凭借着自己坚定的意志力战胜了这条看上去不可战胜的庞然大物。他说："一个人可以被毁灭，但不能被打败。"他实际上是一个"打不败的失败者"，是一个坚强而不服输的硬汉。

但他同时是一个孤独而慈祥、内心充满爱的老人。老人是孤独的。人们误解他，跟他朝夕相处的小男孩被迫离开他，他不得不孤身到远海捕鱼。在茫茫无际的大海上，在与不可战胜的大自然生物搏斗时，他一遍遍地想着"要是孩子在身边就好了"，那份孤独让人心痛不已。无论什么时候，他对那个小男孩永远是仁慈的，在小男孩面前，他的眼神充满了关爱和信任，这份温情和他的勇敢一样令人动容。

《老人与海》这部小说有着独特的艺术魅力。在创作上，小说从艺术手法到结构布局，都体现出了作者深厚和独具匠心的文学底蕴。在《老人与海》中，海明威将自己擅长的叙事艺术体现得淋漓尽致。他在描写老人捕鱼、与大马林鱼斗智斗勇、与鲨鱼对抗的场面时，无论是在环境渲染，还是在节奏的把握和人物情绪的感染上，都拿捏得极其巧妙和到位。

海洋名著与科学丛书

| 顾 问 |

金翔龙

| 主 编 |

陶红亮

| 副主编 |

李 伟　秦　颖

编委会

赵焕霞　权亚飞　刘东旭　刘超群

王晓旭　张　姝　杨　媛　杨岚惠

目录
CONTENTS

第一章　老人和孩子

[名师导读]

本章是小说的开篇，一个以捕鱼为生的老人足足八十四天都没有捕到鱼，一直跟随老人的孩子因此被安排到其他渔船上。但他对老人仍然十分关心，而老人自己也依旧对生活充满信心和希望。

一个叫圣地亚哥的古巴老人，经常一个人驾着小船去湾流（指墨西哥湾暖流。是世界上最强大、影响最深远的一支暖流，从墨西哥湾开始沿北美洲东岸北上，向东横贯大西洋，到达欧洲西北沿岸，穿过挪威海进入北冰洋的整个暖流系统）捕鱼。目前，已经过了八十四天，但是一条鱼也没有捕到。有一个孩子在前四十天里一直跟他在一起，当他的帮手。可是，过了四十天，还是没有捕到一条鱼，孩子的父母厌烦了，说老人倒霉到了极点，于是命令孩子不要跟随他出海了。孩子没有办法，依照父母的嘱咐上了另外一条船，这条船第一个星期就捕到了三条大鱼。孩子看见老人每天回来时船总是空的，心里很难受。他总是情不自禁地走下岸去，帮老人搬回卷起的钓索，或者鱼钩和鱼叉，要不就是卷起绕在桅杆上的帆。那张帆用面粉袋打了很多补丁，收拢后看起来像是一面打了败仗的旗子。[赏析解读：从男孩和他的父母对待老人的截然不同的态度中，可以看出男孩的善良、单纯、重感情。]

这位老人看上去瘦骨嶙峋、憔悴不堪，脖颈上布满了很深的皱纹，腮帮上长了很多褐斑，那是太阳长期暴晒的结果。褐斑从他脸的两侧一直蔓延下去，直到被衣服领子遮住。他的双手因为长年收放绳索而留下了深深的伤疤，但是这些伤疤中没有一块是新的，它们就像沙漠中长年被风沙侵蚀的岩石一般。他身上的一切都显得苍老，除了那双眼睛，它们如同海水一般蓝，总是快乐地眨呀眨，透出一股倔强的精神。[赏析解读：这段描写既刻画了老人历经岁月沧桑、憔悴不堪的模样，从侧面写出了老人生活的不易，又通过对老人眼睛的特写，写出了老人坚定乐观、不屈不挠的性格。]

这会儿，他们俩从小船停泊的地方爬上岸，"圣地亚哥，"孩子对他说，"我又能陪您一起出海了，因为我们那条船捕到了大鱼，我替家里人赚了一笔钱。"

这个孩子捕鱼的经验还是老人教的，所以孩子很爱他，同样也很敬重他。

"不要跟着我了，"老人说，"你跟他们一起干下去吧！"

"您还记得吗？您有一回连续八十七天捕不到一条鱼，但是紧接着的三个礼拜，我们每天都捕着了大鱼。"

"我记得，"老人说，"我知道你这次不是因为没有信心而离开我的。"

"是爸爸叫我走的。我是他的孩子，必须听他的话。"

"我明白，"老人说，"作为孩子，听父母的话是理所当然的。"

"他们一向对您信心不大。"

"是啊，"老人说，"那是因为他们不了解我，但是我们自己有信心啊，你说对不对？"

"对，"孩子说，"我请您到露台饭店去喝杯啤酒，喝完后我们一起把捕鱼的工具搬回家。"

"好极了，"老人说，"这才是捕鱼人的生活嘛！"

饭店的露台上已经有很多渔夫聚集在那里，他们爱拿老人开玩笑，但老人并不生气。[赏析解读：这句话从侧面衬托出了老人的豁达心胸，以及隐忍的性格。]一些上了年纪的渔夫知道他很长时间都没捕到一条鱼，都望着他，心里为他难受，但是脸上并没有流露出来。他们都如同往日般地谈起海流（又称洋流，是海水因热辐射、蒸发、降水、冷缩等而形成的密度不同的水团，再加上风应力、地转偏向力、引潮力等作用而常年按一定方向所作的大规模相对稳定的流动。它是海水的普遍运动形式之一，按水温可分为寒流和暖流），谈自己把钓索送到海面下有多深，谈天气一直是多么的好，谈他们出海时所看到的和所听到的。当天捕到鱼的渔夫都已经回来了，他们将大马林鱼开膛破肚，平铺到两块木板上，两人抬着一块木板，摇摇晃晃地送到收鱼站，在那里等冷藏车把鱼运往哈瓦那的市场。逮到鲨鱼的人们就直接把它们送到海湾另一边的鲨鱼加工厂去。在那里，这些鲨鱼被吊在复合滑车上，工人们会除去肝脏，割掉鱼鳍，剥去外皮，把鱼肉切成一条条的，以备腌制。

每当刮东风的时候，总有一股腥臭味从鲨鱼加工厂那边飘到港湾这边来，让人闻着很不舒服；但今天只有淡淡的一点儿气味，这是因为这一阵已经在吹北风。

"圣地亚哥。"孩子说。

"哦。"老人说。他正握着酒杯，思量好多年前的事儿。

"要我去弄点沙丁鱼来给你明天当鱼饵用吗？"

"不用了，你去打棒球吧。我还划得动船，罗赫略会给我撒网的。"

"我也很想和您一起去。即使不能陪您捕鱼，我也很想帮您做点事情。"[赏析解读：这几段话表现了孩子对老人的关心，以及这一老一少之间深厚的情谊。]

"你已经请我喝了杯啤酒了，"老人说，"你已经是个大人啦！"

"我第一次跟您出海捕鱼时有多大？"

"五岁，那天我把一条活蹦乱跳的鱼拖上船，它差一点儿把船掀翻了，你也差一点儿送了命。还记得吗？"

"我记得鱼尾巴'砰砰'地拍打着船板，船板快要断了，我还能回想起您用棍子打鱼的声音。您把我推到搁钓索卷儿的地方，我感到整条船在颤抖，听到您'啪啪'地用棍子打鱼，像在砍一棵树，我浑身上下都是甜丝丝的血腥味儿。"

"你是真记得，还是我不久前刚跟你说过？"

"不管您相信不，从我们第一次在一起出海起，我就清楚地记得所有的事情。"

老人用他那双目光坚定的眼睛慈爱地望着他。[赏析解读：“坚定”和“慈爱”两个词，一个突出了老人的性格特点，一个突出了他对这个孩子的喜爱之情。]

"如果你是我的孩子，我早就带你出去冒险长见识了，"他说，"但你是你爸妈的孩子，你搭的又是一条交上了好运的船。"[赏析解读：这句话可以看出老人的善解人意，他十分体谅男孩目前的处境，同时反映出他敢于拼搏、闯荡的海洋精神，这股精神气将贯穿整个故事情节。]

"我去弄沙丁鱼来好吗？我还知道上哪儿去弄四条小鱼做鱼饵。"

"我今天还有自个儿剩下的，我把它们放在匣子里腌了。"

"让我给您弄四条新鲜的来吧！"

"一条就行，"老人说。他的希望和信心原本就没消失过，此刻更加鲜活起来，如同微风初起般那样清新了。[赏析解读：这里采用比喻的修辞手法，把希望与信心比喻成微风，表现了老人自信、坚强、乐观的性格特征。]

"两条。"孩子说。

"那就两条吧，"老人同意了，"你不是去偷吧？"

"就算是去偷我也愿意，"孩子说，"不过这些是买来的。"

"谢谢你了。"老人说。老人心地单纯，他也不知道自己什么时候变得谦卑起来，等他意识到时，反觉得还好，并不是什么丢脸的事情，当然也不会伤害到自己的自尊心。

"看这海流，明儿会是个好日子。"老人说。

"您打算去哪儿捕鱼呢？"孩子问。

"越远越好，等转了风向再回来。我想天亮前就出发。"

"我也想想办法，让我们的船长也到远海捕鱼，"孩子说，"这样，如果你捕到大鱼了，我们可以赶去帮忙。"

"他在近的地方就能捕着鱼，肯定不愿意到远海的。"

"是啊，"孩子说，"不过我总能看见他看不见的东西，比如说有只鸟儿在空中盘旋，我就会告诉他不远的地方有鲯鳅（qí qiū，是一种外洋性上层鱼类，体侧扁，头高而大，成鱼有隆起的额部，体长可达 1 米多。其体色很鲜艳，呈绿褐色，背鳍为紫青色，胸鳍和腹鳍边缘为青色，尾鳍银灰色且有金黄色泽，不过死后的本体会很快褪色，呈现银灰色）。"

"他眼神这么不好吗？"

"简直是个盲人。"

"这就奇怪了，"老人说，"他可能捕到过海龟，这东西才伤眼睛呢。"[赏析解读：因为西方人认为龟具有灵性，这是西方人的一种迷信。]

"这可不一定。您不是在莫斯基托斯海岸（指洪都拉斯保拉亚河与尼加拉瓜、哥斯达黎加边界圣胡安河之间的加勒比海沿岸低地，因当地的莫斯基托印第安人而得名）外捕了好多年海龟吗？您的眼力还是挺好的嘛！"

"我是个怪老头。"老人笑笑。

"不过您现在还有力气对付一条真正的大鱼吗？"

"我想还有。再说捕鱼不能只凭力气，还要讲究技巧。"[赏析解读：简短的对话中，既透露着老人的豁达、坚定、自信，也为后文情节的发展做好了铺垫。]

"我们把捕鱼的家伙拿回家去吧，"孩子说，"然后我可以拿渔网去逮沙丁鱼。"

他们从船上拿起捕鱼的工具。老人把桅杆扛在肩头，孩子拿起了木箱，里面装着编得很结实的褐色钓索，又拿起鱼钩和带柄的鱼叉。盛鱼饵的匣子被巧妙地藏在小船的船艄下面，鱼饵匣子边上还搁着一根用来收拾大鱼的棍子。在这个地方，没有人会来偷老人的东西，但是他们还是决定把桅杆和那些粗钓索带回家去，因为露水会损坏这些东西。再说，尽管老人深信当地不会有人来偷他的东西，但他认为把一把鱼钩和一支鱼叉留在船上是不必要的引诱。[赏析解读：写出了老人十分爱惜自己的捕鱼工具，可以看出他十分热爱自己的捕鱼事业。]

他们顺着大路来到老人的窝棚前，门是敞开的，老人径直走了进去。老人把裹着帆的桅杆靠在墙上，孩子把木箱和其他渔具放在它的旁边。桅杆跟这窝棚内的单间屋子差不多一般长。窝棚是用大椰子树那被叫作"海鸟粪"的坚韧的苞壳建成的，屋里面有一张床、一张桌子、一把椅子和泥地上一处用木炭烧饭的地方。[赏析解读：这段关于老人居住的屋子的描写比较简单，原因是老人几乎可以说是家徒四壁，实在是没有什么可写的，透露了老人贫穷、质朴的起居生活。]

那褐色的墙壁是用纤维结实的"海鸟粪"苞壳片展平了叠盖而成，墙上挂着一幅彩色的耶稣圣心图和一幅科布莱（科布莱是古巴东部一个铜矿区的市镇，南面小山上有古巴最著名的朝圣地和科布莱圣母院）圣母图，这些是他妻子的遗物。墙上曾经还挂着一幅他妻子的着色照，但他把它取下了，因为每当看照片上的妻子时，他都会伤心，觉得自己太孤单了。[赏析解读：这里交代了老人的妻子已经去世，这才不得不一个人生活。这句话写出了老人的孤单,更加反衬出了他积极向上的生活态度。] 老人将它放在屋角搁板上,并用自己的一件干净衬衫罩着。

"有什么吃的东西?"孩子问道。

"有锅鱼煮黄米饭,要吃点儿吗?"

"不,我回家去吃。要我给您生火吗?"

"不用,过一会儿我自己来生,没准就吃冷米饭了。"

"我把渔网拿去好吗?"

"当然好。"

其实并没有渔网,孩子还能清晰地记起他们是什么时候把它卖掉的。当然也没有什么鱼煮黄米饭,然而他们习惯于每天扯一套这种谎话。[赏析解读:老人和孩子借助想象的对话,一方面突出了老人生活的贫苦和凄凉;另一方面也写出了老人懂得苦中作乐,说明他是一个十分乐观、热爱生活的人。]

"八十五是个吉利的数目,"老人说,"想象一下,我明天要是捕到一条去掉了下脚有一千多磅重的鱼,那该多好啊!"

"我拿渔网捞沙丁鱼去。您坐在门口晒晒太阳好吗?"

"好吧。我有张昨天的报纸,我来看看棒球消息。"孩子不知道昨天的报纸是不是也是不存在的,但是老人把它从床下取出来了。

"佩里科在杂货铺里给我的。"他解释说。

"我弄到了沙丁鱼就回来,我要把我俩的鱼放在一起冰镇,明天早上再分着用。等我回来了,您告诉我棒球赛的消息。"

"洋基队(成立于 1901 年,主场位于纽约的布朗斯区,是美国职业棒球界的强队,曾赢得 27 次世界冠军)不会输。"

"可是我怕克利夫兰印第安人队（成立于 1901 年，是一支位于美国俄亥俄州克利夫兰的职业棒球队）会赢。"

"相信洋基队吧，好孩子。别忘了洋基队有那了不起的迪马吉奥（乔·迪马吉奥，美国著名棒球运动员，出生在一个渔民家庭，1936—1951 年效力于纽约洋基队）。"

[赏析解读：老人虽然生活贫穷，却也有自己的兴趣爱好，十分乐观。而从他对洋基队充满信心这一点，也能看出他不服输的精神。]

"我担心底特律老虎队（美国职棒大联盟球队，成立于 1893 年，主场位于密歇根州的底特律），同时担心克利夫兰印第安人队。"

"当心点，要不然连辛辛那提红人队（美国职棒大联盟球队，成立于 1882 年，最初称为红长袜队）和芝加哥白短袜队（成立于 1893 年，美国职棒大联盟元老球队和传统强队之一），你都要担心啦。"

"您好好看，等我回来了给我讲讲。"

"你看我们该去买张末尾号是八五的彩票吗？明天是第八十五天。"

"这样做行啊，"孩子说，"不过您上次创纪录的是八十七天。"[赏析解读：孩子一直鼓励老人要对自己有信心，可以看出孩子的善解人意和对老人的心疼。]

"这种事不会再发生。你看能弄到一张尾号是八五的彩票吗？"[赏析解读：老人是否能在第八十五天捕到鱼呢？作者在这里设下了悬念。]

"我可以去订一张。"

"订一张，这要两块半。我们向谁去借这笔钱呢？"

"这个容易，我总能借到两块半的。"

"我看没准儿我也借得到，不过我不想借钱，现在借钱，下一步就要讨饭。"

"穿得暖和点，爷爷，"孩子说，"别忘了，我们这是在九月（故事的发生地是古巴，古巴地处南半球,南半球的九月相当于北半球的三月,还处于冬春之交,所以孩子提醒老人穿得暖和点)里。" [赏析解读:男孩的叮嘱既可以看出他的细心,也是他对老人的关心。]

"正是大鱼露面的月份,"老人说, "在五月里,人人都能当个好渔夫。"

"我现在去捞沙丁鱼。"孩子说。

等孩子回来的时候,老人在椅子上睡得很沉,太阳已经下山了。孩子从床上拿起一条旧军毯,铺在椅背上,给老人盖住双肩。老人的两个肩膀很奇怪,他已经非常老迈了,但两个肩膀却依然很强健,脖子同样很壮实。当老人睡着了,脑袋向前耷拉着的时候,皱纹也不大明显了,看上去比平时年轻不少。他的衬衫上不知打了多少补丁,弄得如同他那张帆一样,这些补丁被阳光晒得褪了色,一块块深浅不一。老人眼睛闭上时,脸上就一点生气都没有。报纸摊在他膝盖上,随着晚风翻动起来,因为老人的一条胳臂压着才没有被吹走。此刻,他光着脚。[赏析解读: 这里细致地描写出了老人的外貌和衣着,凸显出了老人已经历经了岁月沧桑和生活的磨难。]

孩子想了一会儿,没有惊动老人,扭头走了,等他回来时,老人依然睡得很香。

"醒醒吧,爷爷,"孩子说着,将一只手搭上老人的膝盖。老人睁开了眼睛,仿佛从一个深邃的梦境中醒过来,然后脸上露出了笑容。

"你拿来了什么? "他问。

"晚饭,"孩子说, "我们来吃吧。"

"我肚子还不饿。"

"好了, 快吃吧。你不能只捕鱼,不吃饭。" [赏析解读: 寥寥数语,写出了孩子对老人的关爱,两人之间的感情十分深厚。]

"我曾经这样干过。"老人说着,站起身来拿起报纸,把它折好。然后他开始叠毯子。

"把毯子披在身上吧,"孩子说, "只要我活着,就绝不会让你不吃饭就去捕鱼。"

"这么说，我要祝你长寿啦，你自己也要保重自己啊，"老人说，"我们吃什么呢？"

"黑豆饭、油炸香蕉，还有些炖菜。"

这些饭菜是孩子从露台饭店拿来的，他把这些饭菜放在双层饭匣里。他从口袋里拿出两副刀叉和汤匙，每一副都用纸餐巾包着。

"这是谁给你的？"

"马丁，那个老板。"

"我得去谢谢他。"

"我已经谢过啦，"孩子说，"您不用再去了。"

"等我捕到大鱼了，我要给他一块大鱼肚子上的肉，"老人说，"他这样帮助我们不止一次了吧？"

"是啊！"

"这样的话，除了鱼肚子上的肉以外，我还要再送他一些东西表示感谢，他对我们真好。"［赏析解读：简单的对话勾勒出了一个善良的老板形象，令人感动，也写出了老人的知恩图报。］

"他还送了两瓶啤酒。"

"我喜欢罐装的啤酒。"

"我知道，不过这次是瓶装的，看，阿图埃（16 世纪初一个印第安人部落酋长。他曾经率众抗击西班牙殖民者的入侵，后英勇就义。为了纪念他，人们用他的名字来命名古巴的啤酒）牌啤酒，我还得把瓶子送回去。"

"你真周到，"老人说，"我们这就开始好吗？"

"我一进门就问过你啦，"孩子温和地对他说，"就等着您呢！"［赏析解读：这里强调了孩子的"温和"，看得出他十分尊重老人、关爱老人。］

"好的，"老人说，"我去洗洗手脸就行。"你上哪儿去洗呢？孩子想。村里最近的供水处也要穿过大路，到第二条横路的转角上。早知道这样，刚才我就应该把水带到这儿，孩子想，还该带块肥皂和一条干净毛巾。我真是太粗心大意了！我还应该给他再弄件衬衫和一件夹克衫来让他过冬，还要一双鞋子，最好还给他弄条毯子来。[赏析解读：孩子的内心独白让大家深深地感受到了他的体贴和善良，他对老人的关心是发自内心的。]

"这炖菜真好吃。"老人说。

"那你多吃点，现在给我讲讲棒球赛吧？"孩子请求他说。

"在美国联赛中，总是洋基队的天下，我跟你说过啦！"老人兴高采烈地说。

"但是我听说他们今天输了。"孩子告诉他。

"谁也不能保证一直赢，那了不起的迪马吉奥马上要重振雄风了。"[赏析解读：即使自己喜欢的球队输了，但老人还是对他们充满了信心，可以看出老人的乐观向上，心态良好，这让他在日后面对挫折时能够勇于面对。]

"洋基队里其他队员也不错。"

"这还用说，不过他是里面的关键人物。在另一个联赛中，拿布鲁克林队和费城人队来说，我选布鲁克林队。不过话得说回来，我想起了迪克·西斯勒，他在老公园球场（指费城的希贝公园，是该市棒球队比赛的主要场地，迪克·西斯勒于1948—1951年在该地打球）里打出的那些好球让我印象深刻。"

"那几个球别人真的比不了，我见过的击球中，数他打得最远。"

"你还记得他过去常来露台饭店吗？我曾想带他出海捕鱼，可不敢开口。我要你去说，可你也不敢。"

"我记得。我们真的错过了一个大好的机会。他兴许会跟我们一起出海的。这样，我们可以一辈子回味这件事了。"

"我更想带那了不起的迪马吉奥去捕鱼，"老人说，"听说他父亲也是个捕鱼的。兴许他当初也像我们这样穷，能对我们的心意表示理解。"

"那了不起的西斯勒的父亲（指乔治·哈罗德·西斯勒，著名的棒球明星，初次参加比赛时是 1915 年）从来没穷过，他像我这么大时，已经在大联盟打球了。"

"我在你这个年纪的时候，就在一条去往非洲的方帆船上当水手了，我还见过狮子在傍晚到海滩上来。"[赏析解读：老人是在怀念昔日那种拼搏、充满挑战的生活，可以看出老人年轻时的勇敢和不怕吃苦的性格。]

"我知道。您跟我谈起过。"

"我们来聊非洲还是棒球呢？"

"我们来聊棒球吧，"孩子说，"给我讲讲那了不起的约翰·J·麦格劳（早年为职业棒球运动员，后担任纽约巨人队经理，使该队成为著名的强队）。"他把这个"J"念成了"何塔"（J 为约瑟夫的首字母，在西班牙语中读为"何塔"）。

"他曾经也经常来露台饭店。但他一喝了酒，就会变得很粗野，出口伤人，脾气暴躁。他满脑子都想着棒球，兴许还有赛马。我看他口袋里总是揣着赛马的名单，常常在电话里提到一些赛马的名字。"

"他是个伟大的经理，"孩子说，"我爸爸认为他是最伟大的。"

"那是因为他来这儿的次数最多，"老人说，"如果多罗彻（列奥·多罗彻，20 世纪 30 年代著名棒球明星，后任纽约巨人队经理）每年都那么频繁地来到这里，你爸爸也会认为他是最伟大的经理了。"

"说真的，谁是最伟大的经理，卢克（阿道尔福·卢克，生于哈瓦那，曾先后在波士顿、辛辛那提、布鲁克林及纽约巨人队当球员，后任经理）还是迈克·冈萨雷斯（20 世纪 40 年代曾两度担任圣路易红雀队经理）？"

"两人差不多吧。"

"但我知道最好的渔夫是您。"

"不。我知道有不少比我强的。"

"哪里!"孩子说,"好渔夫很多,了不起的也就那么几个,不过最好的还是您。"[赏析解读:这是孩子发自内心的赞美,在他的眼里,老人非常优秀,孩子非常崇拜、敬重他。]

"谢谢你。你说得我特别高兴。我希望我的运气不要太好,如果真的捕到一条大家伙,我还对付不了,那样你就白夸我了。"

"没有那么大的鱼,只要您还像以前那么强壮的话。"

"我也许不像我自以为的那样强壮了,我的力气也许已经没有我想象的那般强大了,"老人说,"但是我懂得不少窍门,而且有决心。"[赏析解读:简短的一句话,就道出了老人的自信。]

"您该去睡觉了,这样明天早上才能精神饱满地去对付大鱼。我要把这些东西送回露台饭店。"

"那么祝你晚安,早上我去叫你起床。"

"您是我的闹钟。"孩子说。

"我的闹钟是年纪,"老人说,"我一直都在想,为什么老人都醒得特别早?难道是要让白天更长些吗?"[赏析解读:虽然老人已经白发苍苍,但他那勇于拼搏、积极向上的生活态度,让他说话带有一定的幽默感。]

"我也不知道,"孩子说,"我只知道我喜欢睡懒觉,起得晚。"

"不要担心,"老人说,"到时候我会去叫你起床的。"

"好的,我可不愿意被船主叫醒,那样显得我不如他似的。"[赏析解读:这里反映了孩子有着强烈的自尊心,是一个有骨气的孩子。]

“我懂。”

“做个好梦，爷爷。”

孩子拿着饭盒和酒瓶子走了出去。他们刚才吃饭的时候，桌子上没有点灯，于是老人脱了长裤，摸黑上了床。他把长裤卷起来当枕头，把那张报纸塞在里头，用毯子裹住身子，就在铺满旧报纸的弹簧垫上睡着了。

他没过多久就进入了梦乡，梦到自己还是一个孩子的时候就去过的非洲。那儿有长长的金色海滩和白色海滩，还有高耸的海岬和深褐色的大山。如今，他每天夜里都回到那海岸边，在梦中听着海浪拍打岩石的隆隆声，看见非洲的土著人驾着小船乘风破浪。他睡着的时候觉得这一切都是真的，因为他闻到了甲板上柏油和填絮的气味（以前西方人的木船是用柏油加上棉或麻的废料填塞板缝防漏的，太阳一晒，就会散发出气味），还闻到了早晨陆地上刮来的风带来的非洲气息。[赏析解读：这个梦境说明老人年轻时经历过这些事情，拥有丰富的海上捕鱼经验，为下文老人出海与大鱼争斗所展现出的勇气和智慧埋下了伏笔。]

通常一闻到陆地上刮来的风的气息，他就会醒来，穿上衣服，去叫醒那孩子。但是今夜陆地上刮来的风的气息要早一些，他在梦中知道时间尚早，就继续把梦做下去，看见群岛的白色顶峰从海面上升起，随后梦见了加那利群岛（是西班牙的一个自治区，位于非洲西北部的大西洋上）的各个港湾和锚泊地。

他的梦中没有风暴，没有妇女们，没有伟大的事件，没有大鱼，没有打架，没有角力，也没有他的妻子。他只梦见一些地方和海滩上的狮子，它们在暮色中像小猫一般嬉戏玩耍着，他爱它们，如同爱这孩子一样，但他从没梦见过这孩子。他就这么醒了过来，透过敞开的门，看了看外边的月亮，然后将长裤摊开，穿上。他走到窝棚外撒了一泡尿，然后顺着大路走去叫醒孩子。清晨寒气袭人，他被冻得直打哆嗦，随后就感到暖和起来，并且马上要去划船了。

孩子住的那间屋子的门没有上锁，他轻轻地把门推开了，光着脚悄悄地走了进去。孩子在外间的一张帆布床上熟睡着，老人借着残月那微弱的光线看到孩子那熟睡的脸。他轻轻地握住孩子的一只脚，温柔地把孩子弄醒，孩子醒了之后，揉揉眼睛，望着眼前的老人。[解析点评："轻轻地握住"写出了老人对孩子的疼爱，也写出了老人的温柔。]老人点点头，孩子从床边椅子上拿起他的长裤，坐在床沿上穿上裤子。老人走了出去，孩子跟在他后面。他还是昏昏欲睡，老人伸出胳臂搂住他的肩膀说："抱歉。"

"不！"孩子说，"男子汉就该这样。"[赏析解读：简洁的语言写出了孩子年纪虽小，却不怕吃苦的精神。]黑暗中，他们顺着大路朝老人的窝棚走去，一路上看到很多光着脚的男人扛着他们船上的桅杆来来往往。

很快，他们又走进老人的窝棚，孩子拿起装着钓索的木箱，又拿起鱼叉和鱼钩，老人把绕着帆的桅杆扛在肩上。

"想喝咖啡吗？"孩子问。

"等我们把渔具放在船后，再去喝点儿。"

他们在一家清早就营业的、供应渔夫早餐的小吃馆里喝着盛在炼乳听里的咖啡。

"您睡得怎么样，爷爷？"孩子问。尽管要他完全摆脱睡魔还不大容易，但他还是完全清醒过来了。

"睡得很好，马诺林，"老人说，"我感到今天还是很有信心的。"[赏析解读：新的一天到来了，老人对这一天充满了希望。]

"我也是这样觉得的，"孩子说，"现在我该去拿咱们做鱼饵用的沙丁鱼，还有准备给您的新鲜鱼饵。我们船上的渔具都是船主一人拿，他从来不让别人帮他拿。"

"咱俩不一样，"老人说，"你只有五岁的时候，我就让你帮忙拿东西来着。"

"我记得，"孩子说，"我去去就回，您再喝杯咖啡吧，我们在这儿可以挂账。"他走了。在珊瑚石铺的走道上，他光着脚朝存放鱼饵的冷藏库走去。

老人慢腾腾地喝着咖啡，这是他今天一整天的饮食，他知道应该把它喝光了。很长一段时间内，他都厌烦吃饭，因此出海捕鱼的时候从来不带吃食。他在小船的船头上放着一瓶水，觉得一整天下来，这个就足够了。

孩子带着沙丁鱼和两份包在报纸里的鱼饵回来了，他们顺着小径走向小船，直到感到脚下的沙地里嵌着鹅卵石，他们抬起小船，让它溜进水里。

"祝您好运，爷爷。"

"也祝你好运。"老人说。[赏析解读：彼此互相祝福，十分温馨。然而，老人这次会不会交好运呢？这里作者埋下了伏笔。]

第二章　再次出海

　　老人孤身一人扬帆起航，来到远离海港的深海区去捕大鱼。可是，无边无际的大海会让这位已经连续八十四天都没有捕到鱼的老人称心如意、成功地捕到大鱼吗？

　　老人拿起船桨，把桨上的绳圈套在桨座的钉子上，身子朝前倾，使水对木桨的阻力减到最小，在黑暗中将船从小港头划了出去。[赏析解读：一连串流畅的动作描写，突出了老人的捕鱼技术十分娴熟，捕鱼经验十分丰富，为他下文运用自己的聪明智慧钓到大鱼埋下了伏笔。] 这个时候，其他海滩上也有别的船只在离港出海，他们桨落水和划桨的声音传入了老人的耳中，但他看不见他们，因为这时的月亮已经落到了山的后面。

　　除了哗啦啦的划桨声，海面上一片寂静。偶尔能听到从那边小船上传来几声说话声。一出港口，这些小船就立刻分散开来，船主纷纷把小船开向自己中意的、认为能捕到鱼的那片海域。老人昨天就已经决定下来，今天要去远海捕鱼，所以他将陆地气候抛在脑后，划进了烟雾笼罩的海洋。[赏析解读：海洋性气候的其中一个最明显的特征就是云雾频繁。这段贴近现实生活的场景描写，增加了小说的真实性。] 他继续向前划行，看到了马尾藻在海水中闪出了磷光。这就是渔夫们口中的"大井"，因为四周都是浅水，但到了这里就会突然陷了下去，这里的深度有七百英寻（英美制计量水深的单位，1英寻等于1.8288米）。在这个如同海底深渊一样的沟壑中，有海流对其进行冲击时，就会激起小小的漩涡。各种鱼儿都聚集在这里，有做鱼饵用的小鱼和海虾。在深不可测的洞穴里，还有成群结队的乌贼（是软体动物门头足纲乌贼目的动物。乌贼遇强敌时会以"喷墨"作为逃生的方法，因而又称为墨鱼。它的皮肤中有色素小囊，会因"情绪"的变化而改变颜色和大小）在这里游荡。它们只有在夜间才敢来到海面寻找食物，但总有一些稍微大一点的鱼在这里等着吃它们。

老人就在黑暗中划着小船，划着划着，他闻到了清晨的气息。[赏析解读：这股清晨的气息透露出朝气与希望，同时看出老人对未来充满了信心。] 那飞鱼（长相奇特，长长的胸鳍像鸟类的翅膀一样，一直延伸至尾部，飞鱼实际上不是飞翔，只是滑翔，能够跃出水面十几米，在空中停留40多秒，最远可飞行400多米）跃出水面的声音也传入耳中，他甚至能听到它们小小的翅膀在跃出水面扇动时所发出的咝咝声。

他非常喜欢飞鱼，把它们当成自己海洋上的朋友。他还特别心疼那些在海面上忙碌着寻找食物的小鸟，特别是那些瘦弱不堪的深灰色的燕鸥（是鸥科中的一种海鸟，嘴形细长，头顶黑色，尾分叉，因与家燕的尾形相似而得名。燕鸥是鸟类中的"飞远冠军"，能从南极洲飞到北极地区），它们整天都在寻找，但很少能够成功地找到食物。他一边划着桨一边思考着，这些鸟儿的生活比自己还要艰难，只有那些有着强劲的大翅膀的大鸟才能自在而悠闲地生活在风浪中。[赏析解读：老人热爱海洋和海洋上的动物，既体现了他对生命充满爱心，又表现出他那乐观的生活态度。] 既然在海洋上生活是如此艰难，那么为什么像燕鸥那样的鸟儿生得如此纤弱呢？蔚蓝色的海洋美丽而温柔，就像加勒比海（是世界上最大的内海，位于大西洋西部边缘。其名字来自印第安人部族，意思是"勇敢者""堂堂正正的人"）上的姑娘，但同她们一样的任性，常常毫无原因地发脾气。这些可怜的鸟儿，从空中冲下来，一头扎进波涛汹涌的海水中寻找食物，发出微弱的哀鸣声。它们应该在枝繁叶茂的树丛中生活，而不应该在这海面上。

每当想到海洋，他都想称它为"她"，这是因为海洋有着其温柔的一面。虽然有时候人们对它心怀怨恨，不过更多的时候还是把它当成一位温柔而美丽的女性。[赏析解读：从老人对海洋的评价中，可以看出老人对海洋深沉的热爱之情，这和他常年与海洋相伴的生活息息相关。]有些比较年轻的渔夫，用特别大的浮标当钓索上的浮子（一般的浮子用软木塞或是空的翎管做成，很简陋。浮标则用木杆、铁皮罐或其他金属来做，有的还装了铃、哨、灯光），并且在把鲨鱼肝卖了、赚了不少钱后买了汽艇，他们都称海洋为"他"。他们把广袤无垠的大海当成一个男性，把它当成竞争对手，甚至是敌人。可像圣地亚哥这样的老人却喜欢把海洋当成女性来看待。它经常会像母亲一般给人带来不少的恩惠，但有时候它也会干出任性的事情，让人们损失惨重，甚至给人们带来悲剧，那也是它身不由己。月亮会影响它（指海洋会在月球引力与太阳的共同作用下形成潮汐），如同影响一个女人的情绪一样，老人这样地想到。

他从容地往前划着，这对他来说比较容易，因为他还没划出自己的最快速度呢！海水只是偶尔轻轻地打着旋，大部分时候如同镜子一般平静。他正巧妙地利用海流帮他干三分之一的活。[赏析解读：老人是技术娴熟、经验丰富的捕鱼老手，划起船来自然是得心应手，这里也写出了老人对海洋的熟悉程度。]这时天渐渐亮了，他发现自己已经划到比预期此刻能达到的更远的地方了。

第三章　军舰鸟和金枪鱼

老人出海后，在海上看到了那只竭尽全力捕捉小鱼的黑色军舰鸟，虽然它一次次地失败，但还是一次次地接着努力，这不就是这位老渔夫的形象吗？作者在这里借写军舰鸟和金枪鱼，向大家展示出了这位老渔夫对大自然和生命的热爱之情。

"我曾经在这里转悠了一周时间，但一无所获，"他想，"今天我一定要找到鲣鱼（因长得像炮弹，又被称为炸弹鱼。体长可达1米，身体为纺锤形，无鳞，尾鳍发达且呈新月形）和长鳍金枪鱼（外形呈鱼雷状，皮肤光滑，鱼鳍流线形，两侧胸鳍极长，尾鳍呈新月形，体长可达1.4米）群的藏身之地，说不定还有条大鱼跟它们在一起呢！"

不等天色大亮，他就放出了一个个鱼饵，让船随着海流飘荡。第一个鱼饵下沉到四十英寻深的地方，第二个在七十五英寻深的地方，第三个和第四个分别在蓝水区中一百英寻和一百二十五英寻深的地方。每个由新鲜沙丁鱼做的鱼饵都是头朝下，老人运用巧妙的手法，将鱼钩穿进小鱼的身子，扎好。钓钩的所有突出部分——包括弯钩和尖端——都被包在鱼肉里。每条沙丁鱼都用钓钩穿过双眼，这样，鱼的身子在突出的钢钩上形成半个环形。不管从任何方向看，这些都是大鱼最喜欢的美味。[赏析解读：老人深知要如何才能更容易钓到鱼，这靠的是长年累月的积累，十分符合他的沧桑经历。]

孩子给他的两条新鲜的小金枪鱼，或者叫长鳍金枪鱼，正像铅垂般挂在那两根最深的钓索上。他在另外两根钓索上挂上了一条蓝色小鱼和一条黄色金枪鱼，这是昨天使用过的，但依然完好。他把小小的沙丁鱼吊在它们边上吸引大鱼。每根钓索都像一支大铅笔那么粗，一端缠在涂有青色油漆的钓竿上，只要鱼在鱼饵上一拉或一碰，钓竿就会下垂到水面，而每根钓索有两个四十英寻长的卷儿，它们可以牢系在其他备用的卷儿上，这一来，如果用得着的话，一条鱼可以拉出长达三百多英寻长的钓索。[赏析解读：作者细致入微地描写了钓索，老人的准备工作做得如此完善，会如愿以偿地钓到一条大鱼吗？这里为后文埋下了伏笔。]

这时老人一边目光炯炯地注视着伸出小船外一侧的三根钓竿，看看有没有动静，一边缓缓地划着，使钓索保持上下笔直，停留在水底适当的深处。天已经大亮，太阳好像随时都会出来。终于，淡淡的太阳从海上升起，老人看见其他船只低低地挨着水面，在离海岸不远处，都是刚才从港口出发的渔夫们。太阳越发明亮了，随后从地平线上完全升起，明晃晃的阳光射在海面上，有些刺眼。阳光经过平坦的海面反射到他的眼睛里，让他觉得非常刺眼。于是他低着头，避光划着船。他望着水中，注视着那几根一直下垂到黑黝黝的深水里的钓索。

他投下的钓索垂得比任何人的都直，这样，在黑黝黝的湾流深处的几个不同的深度中，都会有一个鱼饵刚好在他所指望的地方等待着来来回回游动的鱼儿过来吃。别的渔夫让钓索随着海流漂动，有时候钓索在六十英寻深的地方，他们却自以为在一百英寻深的地方呢！[赏析解读：老人的行为和其他渔夫的行为形成了鲜明的对比，突出老人有着丰富的钓鱼经验和高超的钓鱼技术。]

虽然其他人那样也能钓着鱼，但他想，既然我能够精确地把它们放在适合的位置，那么毫无疑问的就应该那么做。目前，我只是运气不太好而已，可是运气谁说得准呢？说不定今天好运气就来了，每一天都是新的开始，走运当然是好。不过我更想做到分毫不差，这样好运气来的时候，你也准备好了。[赏析解读："分毫不差"体现了老人不管做什么事情都十分细心谨慎，这也是他对捕鱼充满信心的原因之一。]

两小时过去了，太阳升得更高了，他朝东望时不再感到那么刺眼了，眼前只看得见三条船，它们显得特别低矮，远在近岸的海面上。

我这一辈子总是被初升的太阳刺痛双眼，他想，但是呢，我的眼睛还是好好的。傍晚时分，我甚至可以盯着太阳看，眼前也不会发黑。实际上，傍晚的阳光有时候会更加强烈，不过只有在早上它才会让人的眼睛感到疼痛。

就在这时，他看见一只翅膀长长的黑色军舰鸟（军舰鸟是鹈形目军舰鸟科 5 种大型海鸟的通称，具有极细长的翅及长而深的叉形尾，翅展长可达 2.3 米。其嘴为长钩状，可以用来攻击其他海鸟并抢夺猎物，因此它也被称为"海盗鸟"。它白天常在海面上巡飞遨游，窥伺水中的食物，一旦发现海面有鱼出现，就迅速从天而降，准确无误地抓获水中的猎物。军舰鸟还是世界上短距离飞行速度最快的鸟，时速可达 418 千米）在他前方的天空中盘旋飞翔。它突然收拢翅膀俯冲到水面，接着又展翅高飞起来，在水面上溅起了一点点水花。

"它逮住了什么东西啦，"老人自言自语道，"它可不喜欢装腔作势。"[赏析解读：老人通过鸟来判断水面以下是否有鱼，反衬出老人的经验丰富。]

他从容不迫地朝鸟儿盘旋的方向划去，依然让那些钓索保持着上下笔直的状态。不过他离奔腾不息的海流越来越近了，尽管这样，他依然用他那一贯的捕鱼方式，并稍微加快了速度。[赏析解读：从老人的动作可以看出老人的从容不迫，极其镇定。]

黑色军舰鸟在空中飞得更高了，又盘旋起来，双翅纹丝不动，一圈一圈地飞得越来越低。它随即猛地俯冲下来,老人看见飞鱼从海里惊慌失措地跃出,在海面上迅速地掠去。

"鲯鳅,"老人说出声来,"大鲯鳅。"

他将船停了下来,从桨架上取下双桨,接着从船头的箱子里拿出一根细钓丝。钓丝上系着几圈铁丝和一只中号钓钩,他拿出一条沙丁鱼挂在上面。他把钓丝从船舷边上放下水去,将上端紧紧地系在船尾一个有环的螺栓上。紧接着,他在另一根钓丝上挂上了鱼饵,把它盘绕着搁在船头的阴影里。他又划起船来,注视着那只此刻正在水面上低掠的长翅膀黑鸟。

那鸟儿一次次向下俯冲,追逐着那些胆战心惊的鱼儿。为了减少风阻,它努力地把翅膀往后掠,然后猛地展开,朝那些飞鱼飞去,可是每次都以失败而告终。老人看见那些大鲯鳅跟在那脱逃的飞鱼后面凑热闹,海面被弄得微微隆起。鲯鳅在飞掠的鱼下面破水而行,只等飞鱼一掉下,它们就飞快地钻进水里。这是一大群鲯鳅啊,他想。它们在飞鱼的周围围成一圈,可怜的飞鱼几乎逃不出去。而这只黑色的鸟儿就比较不走运了。对它来说,飞鱼的个头太大了,飞得也太快了。

他看着飞鱼不断地从海里跃出来,那只鸟儿依然一无所获,但它仍然不放弃努力。那群大鲯鳅从我眼皮子底下逃走啦,他想。它们逃得太快,还没等船靠近便消失得无影无踪了。如果我走运的话,说不定能逮住一条掉队的,说不定我想捕的大鱼就在它们周围转悠着呢,老人想,我的大鱼总该在某地方啊![赏析解读:飞鱼飞快地逃走,但老人并没有灰心丧气,他期待能钓上来一条掉队的或者是一条大鱼,无论是什么样的情况,他都会乐观面对。]

这时,高空中的云块像山岗般耸立着,海岸越来越远,只剩下一条细长的绿线,背后是些灰青色的小山。海水此刻呈深蓝色,深得有些发紫。老人低着头仔细地看着海水，只见深蓝色的水中隐隐约约能看到许多来回穿梭的浮游生物，在阳光的照射下变换出很多奇特的色彩。他注视着那几根钓索，它们依然笔直地没入水中。他很高兴看到这么多浮游生物，正是因为它们，老人断定这附近一定有鱼。太阳此刻升得更高了，阳光在水中变幻出奇异的光彩，晴朗的天空中有几片白云在飘。那只鸟儿已经消失得无影无踪，水面空空荡荡，只有几簇被太阳晒得发白的黄色马尾藻和一只紧靠着船舷浮动的僧帽水母（呈青蓝色，浮囊两头尖，底平，形如僧侣的帽子，因而得名。其囊状部分与 16 世纪的葡萄牙军舰很像，因此也被称为葡萄牙军舰水母。其细小的触手能达 9 米之长，密布着微小的刺细胞，能分泌致命的毒素，被僧帽水母蜇到后会剧烈疼痛，皮肤上出现红色"鞭痕"，严重时会致人死亡。遇到僧帽水母时应及时避开，万一被蜇伤了应及时就医），僧帽水母那胶质的浮囊呈紫色，不断地改变着外形，在水中像彩虹一般。[赏析解读：这里对僧帽水母的描写十分细腻、形象，奇幻的色彩在眼前变化，构成了一幅多姿多彩的美丽画卷。] 它倒向一边，然后又竖直了身子，像个大气泡般高高兴兴地浮动着，那些有致命毒性的紫色长触须拖在身后，有一码多长，不停地蠕动着。

"哎，水母，"老人说，"你真是一个恶心的家伙。"他低着头缓缓地划着船，然后朝水中望去，一些小鱼在水中游着，它们身上的颜色与那些水母拖在水中的触须颜色一样，在水母那大水泡下的阴影中，小鱼在水母的触须之间随着水母游动着。水母身上的毒素对它们是不起作用的，但对人就不一样了。老人以前把鱼往船上拖时，钓索上常会黏上一些水母的触须，还有一些令人恶心的紫色黏液。老人知道，如果他不小心碰到的时候，他的胳臂和手上就会出现伤痕和浮肿，就像被毒漆树或栎叶毒漆树感染时一样。但是，僧帽水母的毒性发作得更快，痛得像被鞭子抽的一样。[赏析解读：把感染僧帽水母毒素发作时的疼痛比作"像被鞭子抽"，十分形象生动，解释了老人为何那么讨厌水母。]

事实上，这些闪着彩虹般颜色的大气泡真的很美。但正因为如此，它们才成为海洋中最善于招摇撞骗的生物，所以老人很乐意看到海龟把它们吃掉。海龟在海上发现它们的时候，就会从正面逼近它们，当马上要接触到那些触须的时候，海龟就会闭上眼睛，这样一来，海龟从头到尾都被龟背保护着，把它们连同触须一并吃掉。

老人喜欢看海龟把它们吃掉，他也喜欢在风暴过后的海滩上遇上彩虹般鼓鼓的大水泡，每当这个时候，他都会用自己长满老茧的硬脚掌踩在它们上面，他喜欢听它们被踩扁时的"啪"的爆裂的声音。

他喜欢绿色的海龟，它们形态优美，能在水中快速地游动；但他对那又大又笨的蠵龟（海龟的一种，体长 1~2 米，体重约 100 千克，四肢呈桨状，前肢大，后肢较小，尾短。主要以鱼、虾、蟹、软体动物和藻类等为食，是现存最古老的爬行动物）一向没有什么好感，它们有着黄色的龟壳，但生活方式十分怪异，高高兴兴地吞食僧帽水母时会闭上眼睛。

尽管不少渔夫认为海龟有着神秘的力量，老人却不这样认为。多年以前，他曾经以捕海龟为生。他可怜这些海龟们，甚至包括那些跟小船一样长、重达一吨的棱皮龟（是世界上龟鳖类中体型最大的一种，体长 2 米以上，最长可达 2.6 米，其头部、四肢和身体都覆盖着平滑的革质皮肤，背壳上的大骨板形成 7 条规则的纵行棱起，因而得名）。就算再迷信，大多数渔夫都对海龟十分无情，因为它们是上等的美味和补品。一只海龟被杀死、剖开之后，它的心脏还要跳动好几个小时。老人想，我也有一颗这样的心脏，我就是精力最充沛的人。他喜欢吃白色的海龟蛋，就是为了让自己长劲。[赏析解读：老人喜欢海龟、同情海龟，可以看出老人对生命的热爱和尊重，以及他那顽强不屈的精神。] 在五月，他吃了整整一个月的海龟蛋，在十月天气寒冷的时候，他就有一身的力气，去捕他的大鱼。

他还经常从其他渔夫存放渔具的棚屋中的一只大圆桶里舀鲨鱼肝油喝。这桶就放在那儿，想喝的渔夫都可以去。大多数渔夫厌恶这种油的味道，但喝了它，起早摸黑的时候就不至于那么难受了，而且它对防治一切伤风流感都非常有效，对眼睛也有好处。

[赏析解读：虽然大多数渔夫都讨厌喝鲨鱼肝油，但喝下去以后，起早摸黑就不会那么难受了，可见渔夫们的生活十分艰辛。]

老人此刻抬眼望去，看见那只鸟儿又在盘旋了。

"它一定是找到鱼啦，"老人说出声来，这时的海面十分平静，没有一条飞鱼冲出海面，也没有小鱼纷纷四处逃窜。老人等了一会儿，只见一条小金枪鱼跃到空中，一个转身，头朝下掉进水里。这条金枪鱼在阳光中闪出银白色的光。等它刚刚跳回水里，马上又有金枪鱼一条接着一条地跃出水面，它们朝各个方向高高跃起，尽量跳得远远地去捕食小鱼，它们绕着小鱼不停地转圈，驱赶着小鱼，搅得海水翻腾起来。

要是它们游得不太快，我可要下手了，老人想。他望着鱼群在水下翻腾追逐，水面上泛起了一连串白色的小泡泡，那只鸟儿不时地俯冲下来，扎进水中捕捉那些惊慌失措的小鱼。

"这只鸟真是个好帮手。"老人说。就在这时，船艄的那根细钓丝在他脚下绷紧了，原来他在脚上绕了一圈钓丝。老人从容不迫地放下双桨，紧紧抓住细钓丝，然后动手往回拉，便感觉到一条金枪鱼挣扎抖动的力量。他越往回拉，钓丝就越是颤颤巍巍，他透过海水看了一眼鱼的青脊背和它那两侧金色的鱼鳞，然后把钓丝"呼"地一甩，金枪鱼飞过船舷，掉在船中。[赏析解读：简简单单的几个动作，就写出了老人娴熟的捕鱼技术，惟妙惟肖。]鱼躺在船尾，小小的鳞片在阳光下，闪闪地发着光。鱼的身子结实，形状像颗子弹，睁着两只发愣的大眼睛，急抖它那尖溜利落的尾巴，不要命地拍打着船板，"砰砰"有声，但声音越来越小，逐渐耗尽了力气。老人看它徒劳无功地挣扎着，突然心生不忍，猛击了一下它的头，然后一脚把它踢到太阳无法照到的地方。

"长鳍金枪鱼，"老人自言自语地说道，"它差不多有十磅（英美制重量单位，1磅合0.4536千克）重，刚好可以用它钓大鱼。"

他不知道自己从什么时候开始喜欢自言自语。往年他独自出海的时候很喜欢唱歌，白天唱，夜里也唱。那还是早年他捕海龟的时候。大概是从那孩子离开他到别的船上后，他才慢慢地自言自语起来。[赏析解读：人独处时，总喜欢做点什么为自己解闷。在那孩子没有出现之前，老人的解闷方式是唱歌，孩子出现又离开以后，解闷的方式就变成了自言自语。这一方面说明孩子给老人的生活带来了很大的变化；另一方面也突出了老人的孤单和乐观。] 可具体的他也记不清楚了。就算之前他和孩子一起捕鱼，一般也只在有必要时才说话。他们有时候夜里会聊会儿天，要不就是碰到坏天气，被暴风雨困在海上的时候，他们会用聊天来解闷。没有必要绝不开口，这被认为是一条好规矩，老人在海上也一向这么认为并愿意遵守。可这会儿，他忍不住把想说出来的话都说出来了，因为目前没有人会因为他的唠叨而犯一些不该犯的错误。

"要是别人听到我在自言自语，肯定会把我当成疯子。"老人仍在自言自语地说着。"可我既然没疯，管他呢。有钱人可以在船上悠闲自在地听着收音机，他们甚至能听到关于棒球的最新消息。"但现在可不是关心那些精彩棒球赛的时候，他暗自提醒自己。眼下只该惦记着一件事，那就是我天生要干的行当。这样的鱼群周围很可能有一条大鱼，他想。[赏析解读：老人虽然喜欢棒球，但在捕鱼的时候还是能够做到心无旁骛。他不仅有着娴熟的捕鱼技术，还有着很强的专注力，这些都是老人捕鱼的得力帮手。]

这条追不上小鱼的最笨的金枪鱼被我逮住了。可已经来不及了，鱼群已经游向了远方。今天凡是在海面上露面的家伙都游得很快，它们都向着东北方向游动，好像有使

不完的劲。是因为风向吗？还是天天这个钟点都这样吗？要不然，是有我瞧不出的什么天气征兆吗？[赏析解读：老人的思维敏捷，作者在这里设了疑问，让读者对后文的发展充满了期待。]

他向来的方向望去，已经看不见海岸的那一道绿色了，只看得见那些仿佛积着白雪的山峰，以及山峰上空那些似积雪般的云块。[赏析解读：优美的语言为我们描绘出优美的景象，而这景象意味着老人已经到远海了。]海水颜色更深了，阳光投射在水中，变幻出彩虹般的色彩。那数不清的星星点点的浮游生物，也由于阳光过于强烈而消失得无影无踪，老人看见的只有那色彩斑斓的海水，还有他那几根笔直垂在一英里水深处的钓索。

第四章　大鱼上钩

[名师导读]

老人扬帆起航到远海捕鱼，这一次大鱼真的上钩了，老人的霉运似乎要结束了。但是，老人最终能将这条大鱼捕捉上来吗？

渔夫们把这鱼群中所有的鱼都叫作金枪鱼，只有等它们被卖到市场，或者拿来换鱼饵时，才分别叫它们各自专用的名字。此时这群鱼又沉入深海中，阳光很强烈，划着划着，老人感到越来越热，脖颈上热辣辣的，汗水一滴滴地从背上往下淌，滴在船板上，他甚至能听到汗水落到海面上的声音。

我本可以让船顺着海流漂荡，趁机睡觉，只要在睡前把钓索在脚趾上绕上一圈，这样再小的动静我也可以醒过来。不过，今天是第八十五天啦，我得集中所有的精力把属于我的大鱼钓上来。[赏析解读：从老人的心理活动，反映出老人执着、不认输的精神。]

老人一边胡思乱想，一边注视着钓索，突然看见那根伸出船外的绿色钓竿猛地往水中一坠。

"来啦，"他说，"我正等着你呢！"说着，从桨架上将双桨稳稳当当地取下来，将其搁在船板上。他伸手去拉钓索，把它轻轻地夹在右手食指和大拇指之间。他感到钓索并不像钓到大鱼般那样抽紧，也没什么力道，于是就那样轻轻地握着。钓索突然间又动了一下，这回是试探性地一拉，感觉拉得既不紧又不轻，他现在已经差不多完全摸清海底下的情况了。[赏析解读："试探性地一拉"，写出了老人有着高超的捕鱼技巧。]在一百英寻的深处，有条大马林鱼（大马林鱼的学名是青枪鱼，是一种海洋大型旗鱼，有一个长矛状的嘴部，可以轻易刺穿猎物；体长通常可达5米，有着颗粒状的牙齿，性情凶猛；游泳速度快，时速可达80千米；以鲭鱼和金枪鱼为食，有时还会深潜吃鱿鱼。大部分时间生活在远离海岸的海洋里。它们还会高度洄游，可以循着海洋中的暖流漫游到数百千米甚至数千千米处）正在吃他精心搁置的沙丁鱼鱼饵，这个手工制的钓钩是从一条小金枪鱼的头部穿出来的。

老人轻轻地攥着钓索，用左手把它从竿子上解下来。他现在可以让它在他的手指间滑动，不会让鱼感到一点儿拉拽的力量。

在离岸这么远的地方，它长到这个季节，个头一定挺大的了，他想。吃鱼饵吧，鱼儿啊，吃吧，请吃吧。这些鱼饵多新鲜，而你啊，待在这六百英尺的深处，在这黑漆漆的冷水里，在黑暗里再绕个弯子，拐回来把鱼饵吃了吧！[赏析解读：老人的内心独白体现出他想捕到一条大鱼的急切心理，同时可以看出老人的幽默感十足。]

他感到钓竿被微弱地拉动了一下，紧接着是较猛烈地一拉，准是这大家伙在吃鱼钩上的沙丁鱼，也不知道它成功与否，然后没有一丝动静了。

"来吧，"老人说出声来，"再绕个弯子吧！闻闻这些鱼饵，它们不是挺鲜美吗？趁它们还新鲜的时候吃了，回头还有那条金枪鱼，又鲜美，又爽口。别怕难为情，鱼儿，把它们吃了吧！"[赏析解读：没有一丝动静的鱼儿让老人有一些着急，老人一边和鱼儿斗智斗勇，一边自言自语地说着有趣的话，给孤单的捕鱼生活带来了许多乐趣。]

他把钓索夹在大拇指和食指之间，然后耐心地等待着。他同时盯着另外几根钓索，因为这鱼可能已游上来一些或沉下去一些，跟着又是那么轻巧地一拉。

"它马上要上钩了，"老人说出声来，"上帝啊，请你让它吃鱼饵上钩吧！"但它并没有咬钩。它悄无声息地游走了，老人再也没感到任何动静。

"它不可能游走的，"他说，"我知道它是不可能游走的。它正在绕弯子呢！也许它以前上过钩，还有点儿记得。"

跟着他感到钓索轻轻地动了一下，他高兴了。

"它刚才不过是在转身，"他说，"它会咬饵的。"

果然，他又感觉到轻微地一拉，老人高兴极了。接着他感到猛地一拉，很有分量，叫人难以相信。这是鱼本身的重量造成的，他就松手让钓索一直往下滑，并从那两卷备用钓索中放出一卷钓索。钓索从老人的指间轻轻地滑下去的时候，他依旧感到很大的力道，他的大拇指和食指一点儿都不敢用力，只是轻轻地拿着。

"多棒的鱼啊，"他说，"它正把鱼饵斜叼在嘴里，带着它在游走呐！" [赏析解读：老人一边和鱼儿作斗争，一边赞美它，体现了老人对生命的尊重。]

等它玩够了，它就会把鱼饵一口吞下的，他想。这次他并没有说出声来，因为他知道，一桩好事如果说破了，也许就不会发生了。他估摸着这条鱼的大小，想象着它嘴里咬着金枪鱼鱼饵，在黑暗的水中游走。这时，他感觉鱼停了下来，可力道没有减轻，相反，还越来越重了，他急忙再放出一点儿钓索，同时加大了大拇指和食指之间的力道。通过绳索，老人的力道一直传到水中深处的鱼儿那里。[赏析解读：老人与大鱼斗智斗勇的时候，也考验着彼此的耐力，毕竟美好的东西一般都是来之不易的。]

"它咬饵啦，"他说，"好好地美餐一顿吧，鱼儿。"

老人将拿着钓索的手指松开，让它一直往下滑。然后将左手伸出来，把那卷备用钓索的一端紧系在旁边那根备用钓索上。他已经准备好了，除了眼下正在使用的那两卷备用钓索外，他还有三个四十英寻长的卷儿可供备用，老人觉得已经稳操胜券（比喻有充分的把握取得胜利）了。

"多吃一点儿，"他说，"你一定是饿坏了。"[赏析解读：在大鱼依旧没有上钩的时候，老人一直在安慰自己，以平复自己那颗焦躁不安的心。]

吃了吧，这样就可以让钓钩的尖端扎进你的心脏，让你见上帝去，他想。或者吃饱了，轻松愉快地浮上来吧，让我把鱼叉刺进你的皮肉得了。你准备好了吗？说实话，你进餐的时间可真长啊！

"来吧！"他说出声来，用双手使劲地拉起钓索，收进了一码，然后双手交替着猛拉，他把浑身的力气都使了出来，并用身子的重量作为支撑，挥动胳膊，轮换地把钓索往回拉。

但老人的努力有些无济于事。那鱼不慌不忙地游开了，老人无论怎样都无法将其往上拉一英寸。[赏析解读："无法将其往上拉一英寸"，暗示老人钓到了一条很大的鱼，因为只有大鱼才会那么有力。]他的这根钓索很结实，是专门用来钓大鱼的，他把它套在背上，用尽所有的力气猛拉，钓索被绷得太紧，上面竟蹦出水珠来。

钓索在水里渐渐地发出一阵拖长的"嗞嗞"声，让他一时间误认为它要断了，但他依然使劲地拽着它，在船板上使劲撑住自己的身子，倾斜着上半身来抵消鱼的拉力。就这样，大鱼拉着小船，慢慢地向西北方向驶去。

大鱼似乎不知疲倦，一刻不停地游着，鱼和船在平静的水面上慢慢地行进着。[赏析解读：平静一般都是暂时的，暗示着双方之间有一场"恶战"即将上演。]另外那几个鱼饵还笔直地垂在水里，老人现在需要应付这个大家伙，他已经顾不上它们了。

"要是那孩子在这儿就好了，"老人说出声来，"我正被一条鱼拖着走，成了一根系纤绳的'短柱'。也许我可以把钓索系在船舷上，不过这样一来，用不了多长时间，鱼儿就会把它扯断的。我得亲自来对付它，必要的时候放出一些钓索。谢谢上帝，它还在朝前游，并没有下沉。"

　　如果它的小脑袋转过弯来，决定游到深海中去，我该怎么办？我不知道。如果它潜入海底，然后在那幽深的沙坑中死去，我该怎么办？我也不知道。我必须做点什么，我能做的事情多着呢！

　　他使劲攥住了勒在背脊上的钓索，钓索紧绷着倾斜在水中，小船不停地朝西北方向驶去。

　　我再坚持一会儿，它就会送命，老人想。它不可能一直这样游下去。然而，四个钟头过去了，那鱼还是这样拖着小船，不停地向大海深处游去，老人依然紧紧攥着勒在背脊上的钓索。"这条大鱼是中午上钩的，"他说，"但直到现在我还没有见过它的真面目。"

[赏析解读："四个钟头过去了""我还没有见过它的真面目"等话语体现了老人耐心十足，勇于坚持。]

　　大鱼上钩前，老人就拉下了草帽，紧扣在脑袋上。这时候，帽子勒得他的脑门好痛，并且他口渴得十分难受。老人双膝跪下，小心不扯动钓索。然后谨慎地朝船头爬去，伸手去取水瓶。他打开瓶盖，喝了一小口，然后筋疲力尽地靠在船头休息。绕着帆的桅杆横放在船里，他就坐在桅杆上，什么都不想，准备和大鱼打一场持久战，看谁熬得过谁。

[赏析解读：一个"熬"字生动形象地写出了老人捕鱼生涯的艰辛，以及老人有着非常坚强的意志力。]

　　坐了一会儿，等他回过头，朝背后望去时，陆地已消失得无影无踪。这算不上什么，他想，比这还要远的海域我都去过呢，并且我可以依靠哈瓦那（是古巴共和国的首都及最大城市，全国经济、文化中心。其地处热带，气候温和宜人，有"加勒比海的明珠"之称）的灯火回港。[赏析解读：虽然老人到远海捕鱼，但他并不担心迷失在茫茫的海面上，体现了老人对海洋的熟悉程度，以及他的强大自信心。] 距离日落还有两个钟头，也许到不了那个时候，鱼就会浮上来。如果它不上来，那么它可能随着月亮一起出来。如果它还是拒绝这么做，那么它一定是等待着日出再浮上来。我的手脚没有抽筋，身上还有一些力气，还能与它继续周旋下去。它的嘴准是死死地咬住了钢丝钓钩，老人想。我从来没有遇到过这么大劲儿的鱼儿，这该是多大个啊！我现在特别想看看它长什么样，哪怕只看一眼我也满足了。

太阳已经完全落下去了，老人通过观察天上的星斗，惊奇地发现那鱼整整一夜都没有改变它的路线和方向。太阳落山之后，气温越来越低了，凉风已经吹干了老人的背脊、胳膊和明显见老的腿上的汗水，让他感到有些寒冷。白天里，他曾把盖在鱼饵匣上的麻袋取了下来，摊在太阳底下将其晒干。现在，他把麻袋系在脖子上，把它披在背上，再小心地把它塞在挂在肩上的钓索下面。有麻袋垫着钓索，他就可以弯腰向船头靠去，对他来说，这样简直舒服极了。事实上，这样的姿势只能说多少叫人好受一点儿，但是他自认为舒服到了天堂。

我拿它一点儿办法都没有，它也拿我丝毫没有办法，他想。再这样下去，我们拿彼此都没辙。[赏析解读：一人一鱼，旗鼓相当，到底谁会赢得最终的胜利呢？一切都在继续，作者给读者设下了悬念。]

他有一回站起身来，隔着船舷撒尿，然后抬眼望着星斗，来识别他的航向。钓索从他肩上一直延伸到水里，在月光下闪着星星点点的磷光。鱼儿终于累了，渐渐地放慢了游动的速度。哈瓦那的灯火也变得模糊起来。老人终于明白了，海流准是在把他们带向那遥远的东方。如果我离哈瓦那炫目的灯光越来越远的话，那么我一定是到了更东的地方，他想。因为，如果这鱼的路线没有变的话，在好几个钟头之内，他都能清晰地看到这灯光。今天可是有一场棒球大联赛啊，不知道结果如何，他想。我要是有台收音机该是多么美好的事情啊！但他转念一想，老是惦记着这玩意儿干什么，还是想想你正在干的事情吧！你可别干蠢事啊！

然后，他突然说出声来："要是孩子在就好了。可以帮我一把，同时让这大家伙尝尝我们的厉害。"[赏析解读：老人此时是多么希望孩子也在这里啊，更加反衬出老人的孤苦无依。]

人岁数大了，就讨厌一人待着，他想。不过这也是避免不了的。为了保存体力，我一定要趁金枪鱼坏掉之前吃了它。记住了，一定要在日出之前把它吃掉了。一定要记住了，他对自己说道。

第五章　一直僵持不下

[名师导读]

大鱼如愿以偿地上钩了，但老人和这条大鱼的较量也开始了。在第一场搏斗中，老人受伤了，让读者不禁隐隐为这位老人担心起来。

晚上，两条海豚（海豚是小到中等尺寸的鲸类，是与鲸和鼠海豚密切相关的水性哺乳动物，主要以鱼类和软体动物为食。分布于世界各海域，以热带沿海最为丰富，一些淡水河流也有发现）游到小船边上，他听见它们翻腾和喷水的声音。他能辨别出那雄的发出的喧闹的喷水声和那雌的发出的喘息般的喷水声。

"它们都是好样的，"他说，"它们嬉耍，打闹，相亲相爱。它们是我们的兄弟，就像飞鱼一样。"

紧接着，他开始怜悯起这条被他钓到的大鱼。它真出色，真奇特，不知道有谁知道它的年龄，他想。我从没钓到过这么大劲儿的鱼，也没见过行动这样奇特的鱼，真是见鬼了。也许它太机灵，才不愿意浮出水面。它完全可以跳出水面，或者来个猛冲，就能让我完蛋。不过，也许它曾上钩过好多次，所以知道应该如何进行搏斗。它哪会知道它的对手只有一个人，并且还是一个老人。这条鱼究竟有多大呢？如果鱼肉鲜美的话，在市场上一定能卖很大一笔钱，它咬起饵来像条雌鱼，拉起钓索来像条雄鱼，与我搏斗起来很沉稳。不知道它在想什么，还是准备跟我一样地不顾死活？ [赏析解读：老人估摸着这条鱼的年龄、大小以及它的行动特点，暗示着接下来将是一场"恶战"。]

他想起有一回遇到了一对大马林鱼。这种鱼一向很"绅士"，雄鱼总是让雌的先吃，最终上钩的果然是雌鱼，它发了狂，惊惶失措并绝望地挣扎着，不一会儿就筋疲力尽了，那条雄鱼始终待在它身边，在钓索下面蹿来蹿去，最后大胆地浮上水面，陪着将要死去的雌鱼一块打着转。 [赏析解读：大自然是神奇的，它所造出的有生命的万物都有着类似人一般的感情。]

那条雄鱼离钓索好近，老人生怕它会用它那镰刀般锋利的尾巴把钓索割断。老人用鱼钩把雌鱼钩上来，用棍子打它，握住了那边缘如砂纸似的轻剑般的长嘴，连连朝它的脑袋打去，打得它全身的颜色变成和镜子背面一样的红色，然后孩子过来帮忙，把它完全拖上船。而这个时候，雄鱼也一直待在船舷边。当老人忙着解下钓索、拿起鱼叉的时候，雄鱼在船边高高地跃到空中，打了一个旋儿，看看雌鱼在哪里，然后落下去，钻进深水里。它的胸鳍大大地张开来，像是一对紫色的翅膀。在它沉入水中的时候，它身上所有淡紫色的宽条纹都露出来了，看上去异常的美丽，老人想，它是那么的不忍离去。

看到这种情景，我特别地伤心，老人想。孩子也很伤心，因此我们请求这条雌鱼原谅，并马上把它宰了。

"要是孩子在这儿就好了。" [赏析解读：老人再次说出了希望孩子在这里的话，可见他此刻非常需要得到他人的帮助。但此时他能依靠的只有自己。] 他说出声来，把身子斜靠在船头边缘那块已经被磨圆的木板上，通过勒在肩上的钓索，感到这条大鱼的力道，它正朝着它所选择的方向稳稳地向前游去。

它已经中了我的圈套，不得不做选择了，老人想。

它选择的是待在黑暗的深水里，远远地避开一切圈套、罗网和诡计。我选择的是陪它到天涯海角、去任何地方。我现在和它已经被一根钓索捆绑在一起了，从中午到现在，我们彼此都没有办法叫到帮手，老人想。

也许我不该当渔夫，他想。但是我生来就是干这个的。[赏析解读：老人在钓鱼的过程中对自己的职业产生了怀疑，但马上又坚定了自己的意志。] 我一定要记住，天亮时就吃掉那条金枪鱼。

离天亮还有点儿时间，可是有什么东西咬住了他背后的一个鱼饵。他听见钓竿"啪"的一声折断了，那根钓索越过船舷朝外滑下去。他摸黑拔出鞘中的刀子，用左肩承担着大鱼所有的拉力，身子往后靠，越过木头的船舷，把那根不断滑下去的钓索割断了，然后把另外一根离他最近的钓索也割断了，并把这两个断头系在一起。他用一只手就能熟练地干这些，在牢牢地打结时，一只脚踩住了钓索卷儿，防止它移动。他现在有六卷备用钓索了，他刚才割断的那两根有鱼饵的钓索各有两卷备用钓索，加上被大鱼咬住鱼饵的这根钓索备用的两卷，他把它们全都接在一起了。

等天亮了，他想，我一定割断那根在水下深处的钓索，然后把它同那些备用钓索都连在一起。我将丢掉两百英寻的卡塔卢尼亚（位于西班牙东北部，盛产渔具）钓索、钓钩和导线。这些都是能再置备的。万一钓上了别的鱼，把这条大鱼搞丢了，那再往哪儿去找呢？我不知道刚才咬饵的是什么鱼，很可能是条大马林鱼，或者剑鱼，或者鲨鱼。我根本来不及琢磨这些，不得不赶快摆脱掉它们。[赏析解读：为了能钓到大鱼，老人义无反顾，为接下来的斗争做好了准备。]

他再次说出声来："如果孩子还在这里多好啊！"

可是孩子并不在这里，他想。你现在是独自一人，不要再奢望了，有这些胡思乱想的时间，还不如回到最末的那根钓索边，不管天亮天黑，割断它，把它们全部系在一起。

[赏析解读：老人在最需要帮助的时候，总会呼唤那个孩子，可见孩子是老人唯一的依靠。但老人立刻就认清了现实，不抱怨、不动摇，十分清楚自己此时该做什么，反映了老人自立自强的性格。]

他开始动起手来了。在黑暗中干这些活很困难，有一阵，那条大鱼用力地掀动了一下，就把他掀倒在地，他的脸被船板划了一道口子。鲜血从他脸颊上流下来，但还没流到下巴就凝固了。于是他挪动身子回到船头，靠在木船舷上歇息。他把肩上的麻袋重新挪回到让他舒服的位置，把钓索小心地挪到肩上另一个地方，用肩膀把它固定住，轻轻地拉了拉，试了试大鱼拉拽的力道，然后将手伸到水里测量小船航行的速度。

这鱼刚才为什么突然摇晃了一下呢？他想。也许是钓索在它高高隆起的背脊上滑动了一下，但它的脊背再痛，也比不上我后背的疼痛感吧！不管它的力气有多大，总不能永远拖着这条小船跑吧！眼下凡是会惹出乱子来的东西都被我扔掉了，我还有好多备用的钓索，我有什么放弃的理由呢？

"鱼啊，"他轻轻地说出声来，"我愿意奉陪到底。"看来它的想法和我的一样，老人想，他等待着天明。眼下正是黎明前最黑暗的时刻，天气十分阴冷，他把身子紧贴着木船舷来取暖。它能熬多久，我也能熬多久，他想。[赏析解读：这段心理描写表明了老人准备与大鱼斗争到底，体现了他的执着和不服输的精神。] 天色微微有些亮了，钓索依然紧绷绷地延伸到水中。小船平稳地向前移动着，初升的太阳一露边儿，阳光就直射在老人的右肩上。

"它在向北游去。"老人说。海流会把我们送到更遥远的东方去，他想。它正在和海流较量呢，但愿它会随着海流拐弯，这样就说明它已经越来越疲惫了。

等太阳升得更高了，老人发现这条鱼还是那样的强劲有力。但出现了一个让人开心的征兆，钓索的斜度说明它慢慢地浮起来了。这不一定表示它会跃出水面，但它也许会这样。

"上帝啊，让它跃出水面吧，"老人说，"我的钓索够长够结实，我完全可以对付它。"

也许我应该稍稍将钓索拉紧一点儿，让它觉得痛，这样它就会跳跃起来，老人想。太阳已经出来了，鱼儿啊，你就跳跃起来吧，让沿着背脊的那些液囊装满空气，这样就算你死了，你也可以浮在水面上。[赏析解读：老人希望鱼儿跳跃起来是有原因的，这里老人的内心独白起着回应上文的作用。]

他开始动手拉紧钓索，可自从昨天中午这条大鱼吃掉了鱼饵后，钓索已经绷到了最大极限，快要断了。他向后仰着身子，感到钓索硬邦邦的，知道不能再拉了。我千万不能使劲一拉，他想。每猛拉一次，就会把钓钩划出的口子弄得更宽些，如果它跳跃起来，钓钩就会被甩掉。反正太阳出来了，不再那么阴冷阴冷的，我也不用盯着太阳看了。

钓索上黏着黄色的海藻，老人知道这会给鱼增加一些拉力，所以他很高兴。晚上那些在钓索上发出的星星点点的磷光，正是这种黄色的果囊马尾藻（是一种马尾藻属褐色海藻，产于大西洋热带水域，有圆形气囊，常大片聚集、漂浮在一起）。

"鱼啊，"他说，"我喜欢你。不过今天无论如何要把你杀死。"[赏析解读：既写出了老人对自然界生命的尊重，又体现了老人战斗到底的信念十分坚定。]

你也一定想弄死我吧，老人想。也许你没那么想，你把我当兄弟，我也把你当兄弟。你很爽快，没有坏心眼，可我却想弄死你。也许你不想弄死我，是因为你有鱼吃，我不弄死你，我吃什么去呢？我是个渔夫啊，天生就要捕鱼、弄死鱼的，就像你也要吃掉其他的鱼一样。

他这么说着，于是再一次使劲。你不疼吗？老人想。你不知道疼痛，我可不行啊，我不像你那样强壮有力，我可是个糟老家伙。你要是知道这一点，一定会像我一样使劲，那样我就会被你拉到海里去了。

"你会这么干吗，鱼儿？"也许它是条有绅士风度的鱼吧，宁可拽着我这个老家伙跑，也不愿把我拉到海里去。到了海里，那就是它说了算，他会用那鲨鱼都害怕的长嘴，想扎我几个窟窿就扎我几个窟窿，那我这老头就没命了，你会这么干吗，鱼儿？他想。

一阵凉风吹过，他脸上的伤口更痛了。虽然流出来的血已经被风吹干了，但伤口还是在那里，风一吹，就像在上面撒了盐一样，很痛。

"你真是个没用的老家伙，"他对自己说，"你和鱼真正的交锋还没开始，就把自己给弄伤了。"他费力地用手蘸了一点儿海水，轻轻地抹在脸上的伤口处，尽管疼痛加剧了，但他知道，这么一来伤口就不会感染了，一个人出海，如果被感染了，那可是要人命的啊，他想，特别是我这样没用的老家伙。

我以捕鱼为生，一辈子都在出海，他想，从前我也被鱼弄伤过，可那都是凶狠的鲨鱼啊，我和别的伙计一同拿着鱼叉和它们搏斗，还杀死了不少鲨鱼，有一条鲨鱼把我撞得摔进了船里，有个尖尖的木头扎进了我的腿里，那可真痛。最终我们谁也没杀死谁，和鲨鱼搏斗负伤，就像在战场上负伤一样，是一件十分光荣的事情，回到酒馆里，可以举着酒瓶子炫耀自己的伤口，大声地讲述关于伤口的英雄事迹。[赏析解读：今昔进行对比，老人缅怀自己的青春，感叹自己现在垂垂老矣，昔日的实力不复存在。]

"鱼啊，"老人说，"你看起来比鲨鱼还要难对付。我可以轻轻松松地弄死两三条鲨鱼，可到目前为止，还没有办法将你弄死，鱼啊！"[赏析解读：两相对比，突出此时老人逮着的大鱼的确是难以对付。]

这时钓索又绷紧了，老人能明显地感觉到鱼在水下侧了个身，仿佛要转动方向，但马上又回到了原来的轨道。

"你遇到什么了？鱼儿？"他说，"难道你遇到了一块礁石？"

太阳明晃晃的，有些刺眼，鱼也喜欢日出吧，老人想。但你待在那么深的水里，不会像我一样感受到阳光的充足的。阳光能让我充满力量，但你就没那么幸运了，鱼，除非你跃出水面来。

"我多么希望你那样干啊，鱼。"老人自言自语地说道。

第六章　左手抽筋了

[名师导读]

　　老人和大鱼斗智斗勇的场面已经展开。在第一轮搏斗中，老人的脸部受伤了，最要命的是他的左手抽筋了。双方的实力陡然发生了变化，大鱼会溜走吗？

　　但愿如此，他想。一只小鸟从北方欢快地飞向小船。那是只鸣禽(鸣禽为雀形目鸟类，善于鸣叫，由鸣管控制发音，常见的鸣禽有画眉、八哥、百灵、黄鹂等)，它贴着水面飞行。老人看得出来，它已经疲惫不堪了。

　　鸟儿飞到船艄上，仿佛要在那儿歇一口气。没过多长时间，它又飞了起来，在老人的头顶上盘旋着，最后落在那根钓索上，它可能觉得待在那儿比较舒服。

　　"你多大了？"老人问鸟儿，"这是你第一次出远门吗？"

　　他对着鸟儿说话的时候，鸟儿也望着他。它太疲倦了，也许连自己站在哪里都不知道，只是用小巧的双脚紧紧抓住钓索，在上面摇摇晃晃的。

　　"这钓索很稳当，"老人对它说，"它结实得很呢！昨天夜里一点儿风都没有，你怎么会这样疲倦呢？鸟儿你怎么啦？"

可能有老鹰吧，他想，这些大鸟时常飞到海上来追捕它们。他把这话放在心里，没有说出来，反正它也不懂他的话，它应该知道老鹰的厉害。

"好好歇歇吧，小鸟，"他说，"等恢复力气了，再去碰碰运气，我们都在碰运气呢，无论是我，还是鱼儿，或者是鸟儿。"[赏析解读：一语双关，老人对小鸟说的话，其实也是对自己说的，这是他对自己接下来的行动进行的规划。]

他说着话，感觉身上恢复了一些力气。他的背脊在夜里变得有些僵直，眼下正痛得厉害。

"鸟儿啊，乐意的话就住在我家吧，"他说，"但很抱歉，我不能趁眼下刮起小风的当儿，扯起帆来把你带回家去，因为我现在正忙着呢，可我总算有一个伙伴了。"

就在这个时候，那鱼陡地一侧身，老人没有注意，就一下子栽在船上了，要不是他撑住了身子，放出一段钓索，早被鱼拖到海里去了。就这么一下子，鸟儿飞走了，但老人竟然一点儿都没察觉到。

他用右手小心地摸摸钓索，发现手上正在流血。[赏析解读：老人的手受伤了，为后文他的猜想埋下了伏笔。]

"这鱼大概被什么东西伤着了。"他说出声来，慢慢地把钓索往回拉，看能不能叫鱼转回来。他拉到感觉到钓索快要断的时候便停住了，握稳了钓索，身子向后倾斜，抵消钓索上的那股拉力。

"你现在觉得痛了吧，鱼儿，"他说，"老实说，我也是如此啊！"

他掉头寻找那只小鸟，因为他很乐意它来给自己做伴。可鸟儿飞走了。

你怎么不多待一会儿呢？老人想。但是你去的地方风浪较大，只有飞到了岸上才安全。我真是越来越笨了，不然怎么会让那鱼猛地一拉而划破了手？要不，也许是因为只顾看着那只小鸟，想它的事情去了。现在我要关心自己的活儿，过后得把那条金枪鱼吃下去，这样才不至于没力气。

"如果孩子在这里，或者我手边有点儿盐就好了。"他说出声来。

他把沉甸甸的钓索挪到左肩上，小心地弯下膝盖，把手放进海水中浸了一分多钟，注视着血液在水中散开，海水随着船的晃动在他手上平稳地拍打着。[赏析解读：这一连串动作，写出了老人动作的迟缓与艰难。]

"它游得比之前慢多了。"他说。

老人巴不得让他的手在海水中多泡一会儿，但害怕那鱼又陡地一歪，他会再次栽倒。于是站了起来，打起精神，举起那只手，对着太阳看。这只左手不过被钓索勒了一下，就被割破了肉。这可是手上最用劲儿的地方。他需要这双手来完成这份活，不喜欢还没动手，手就被割破了。

等受伤的手在太阳底下晒干之后，他又开始自言自语起来，"我该吃小金枪鱼了。我可以用鱼钩把它勾过来，在这儿舒舒服服地吃。"

他费劲地跪了下来，用鱼钩在船艄下找到了那条金枪鱼，小心不让它碰着那几卷钓索，把它拖到自己身边来。他又用左肩挎住了钓索，把左手和胳臂撑在座板上，从鱼钩上取下金枪鱼，再把鱼钩放回原处。他把一个膝盖压在鱼身上，然后拿出小刀，从它的脖颈竖割到尾部，割下一条条深红色的鱼肉。这些肉条的断面是楔形（类似于"倒三角形"，是下面尖上面粗的一种形状）的，他从脊骨边开始割，一直割到肚子边，最终共割下了六条，老人把它们摊在船头的木板上，在裤子上擦擦刀子，拎起鱼尾巴，把骨头扔到海里。[赏析解读：老人割鱼肉的动作十分娴熟，可见这样的海上生活对他来说已经是家常便饭了。]

"我想我是吃不下一整条的。"他说着，接着用刀子把一条鱼肉切成两段。在这个时候，他感到那钓索越来越紧了，他的左手抽起筋来。这左手紧紧握住了粗钓索，他厌恶地朝它看了看。

"这算什么手啊，"他说着，"随你去抽筋吧！变成一只鸟爪吧！可是手啊，这对

你可不好啊！"[赏析解读：通过老人对左手的抱怨，可以看出老人的那份豁达和不服输的精神。]

我得快点，他望着斜着延伸到黑暗的深水中的钓索想到。我得赶紧把这鱼肉吃了，那样手就会有力气了。不能怪这只手不好，它跟这鱼已经打了好几个钟头的交道了。我相信这只手能跟它周旋到底的，我得赶紧把鱼肉吃了。[赏析解读：这是老人在安慰自己，相信自己能取得最后的胜利。]

他拿起半条鱼肉，放在嘴里，慢慢地咀嚼，味道还很鲜美。得好好地咀嚼，他想，把汁水都咽下去，一滴都不能浪费。如果再加点儿酸橙汁、柠檬汁或者盐，那就更美味了。

"手啊，你感觉怎么样？"他对着那只抽筋的手自言自语，它僵直得几乎跟死尸一般。"为了你，我也得多吃一点儿。"他吃着那条切成两段的鱼肉的另外一半，细细地咀嚼着，然后把鱼皮吐出来。

"你觉得怎么样，手？或者现在还答不上来？"说完，他再次拿起一整条鱼肉，咀嚼起来。

第七章　老人赢了

[名师导读]

老人和大鱼的搏斗还在继续，但幸运的是，老人抽筋的左手终于恢复过来了。那么，老人和大鱼的搏斗将会是什么样的一幅画面呢？

"这是条结实而血气旺盛的鱼，"他想，"我运气好，逮住了它，而不是条鲯鳅。鲯鳅的肉太甜了。这鱼肉太棒了，可以用来给我补充元气。"

就算这鱼肉再难吃，但只要能给我带来力量，我还是会把它吃掉，他想。下次我得带点盐来。我还不知道太阳会不会将剩下的鱼肉晒坏或者晒干，所以最好现在把它们都吃了，尽管我现在并不饿。幸好水下那大鱼现在已经老实了不少。我得把这些鱼肉统统吃了，这样我就有充足的力气了。[赏析解读：老人虽然不饿，但还是坚持把这些难吃的鱼肉吃了下去，因为那样他就有力气与大鱼斗智斗勇了，说明老人已经十分习惯并适应了海上的生活。]

"耐心点吧，手，"他说，"我这样吃东西是为了你啊！"我也想喂喂那条大鱼，他想。它是我的兄弟，可是我不得不把它弄死，这是我该干的活。他吃掉了所有的鱼肉。

他直起腰来，把手在裤子上反复地擦了擦。

"行了，"他说，"你可以放下钓索了，手啊，我现在只用右臂来对付它了，直到你不再胡闹。"他用左脚踩住刚才左手攥着的粗钓索，身子朝后仰着，用背部来承受那股拉力。"上帝啊，让这抽筋的手赶紧好吧，"他说，"因为我不知道这条鱼还会耍出什么花样。"[赏析解读：老人的一连串动作生动而形象地写出了他和大鱼僵持的局面，也同时体现出了老人捕鱼时的小心谨慎。]

不过它似乎很镇静，他想，并且它在按照自己的计划行动着。可它的计划是什么呢？他想。我的计划又是什么呢？我必须随机应变，拿我的计划来对付它的，因为它个儿这么大。如果它跳出水面来，我就能弄死它。但是它始终躲在水面以下，那我只能奉陪到底。[赏析解读：老人的内心独白，体现出老人的专注和坚定的意志力。]

他把那只抽筋的手在裤子上擦了擦，想让手指松动一下。可是手张不开。也许随着太阳出来它就能张开了，他想。也许等他消化掉那些营养丰富的金枪鱼肉之后，它就能张开了。如果我非依靠这只手不可，那么我要不惜任何代价把它张开。但是眼下还没到非用它不可的程度，那么就让它自行张开，等它自动恢复过来吧！看来是昨天晚上使用过度了，那时候我不得不解开钓索，然后系在一起。

老人眺望着海面，突然感觉自己这个时候太孤单了。他可以看见漆黑的海水深处的七色彩虹在荡漾着，还有一直延伸到水中的钓索和那平静海面上的微小波动。由于海风的吹刮，这时云块已经积聚到了一起。他朝前望去，只见到一群野鸭（是水鸟的典型代表，狭义的野鸭叫绿头鸭。野鸭属鸟纲、雁形目、鸭科，有十余个种类。野鸭能进行长途迁徙飞行，时速最快可达110千米。）在水面上低飞，在天空的衬托下，一切都是那么清晰，有时候会模糊起来，但马上又变得清晰。于是他发觉，一个人在海上是永远都不会感到孤单的。[赏析解读：用环境的描写突出老人此时此刻的孤立无援，飓风即将来临，老人将面临一场更加严峻的考验。]

他想到有些人乘小船驶到了望不见陆地的地方，他们会觉得害怕。在天气变幻无常的时候，他们是有理由害怕的。可如今正是刮飓风（指大西洋和北太平洋东部风速达33千米/秒以上的热带气旋，也泛指狂风和任何热带气旋以及风力达12级的任何大风。其中心有一个风眼，风眼越小，破坏力越大，其概念和台风类似，只是产生地点不同）的月份，在不刮的时候，这些月份正是一年中天气最佳的时候。

如果飓风将要来临，而你正在海上航行的话，总能在好几天前就看见天上有着种种迹象。人们在岸上是看不见这种迹象的，因为他们不知道该看什么，他想。其实在陆地上一定也能看见异常的现象，那就是云的形状不同。但是眼前不会刮飓风。

老人抬头望了望天空，看见一团团白色的积云（一种垂直向上发展的云块，轮廓分明，顶部凸起，云底平坦，云块之间有许多不相连的直展云。由空气对流上升冷却使水汽发生凝结而形成），形状像一堆堆让人看见了就开心不已的冰激凌，而在更高的、清爽的九月天空中，一团团羽毛般的卷云在游荡。

"这是多么让人舒适的微风啊，"他说，"这天气对我比对你更有利，鱼儿啊！"他的左手依然在抽筋，但他正在慢慢地把它张开。

我恨抽筋，他想，这是对自己身体的背叛。由于食物中毒而导致的腹泻或呕吐，那是在别人面前丢脸。但抽筋是丢自己的脸，特别是自己独自出海的时候。

要是那孩子在这儿，他可以给我揉揉胳臂，从前臂一直往下揉，他想。不过这手总会张开的。

随后，他用右手去摸钓索，感到上面的力道已经有所改变了，这才看见钓索在水里的倾斜度也变了。紧跟着，他俯身朝着钓索，把左手"啪"地紧按在大腿上，看见倾斜的钓索慢慢向上升起。"它上来啦，"他说，"手啊，快点。请快一点好吧！"[赏析解读：老人希望自己的手马上好的心情非常急切，原因是他怕因手不给力而错过那条大鱼。]

钓索慢慢地上升，接着小船前面的海面鼓起来了，鱼出水了。它不停地往上冒，水从它身上向两边直泻。鱼的身子在阳光下闪闪发光，它的脑袋和背部呈深紫色，两侧的条纹在阳光里显得更加宽阔，带着一抹淡紫色。它的嘴像棒球棒那样长，然后逐渐变细，像一把轻剑。它从头到尾地露出了水面，然后又像潜水员般滑溜地钻进水中。老人看见它那大镰刀般的尾巴没入水里，钓索开始飞快地往外滑去。"它比这小船还长两英尺，"老人说。钓索朝水中溜得又快又稳，说明这鱼并没有受到惊吓。[赏析解读：这里运用比喻的修辞手法，生动而具体地突出了鱼的形象。呈现在读者眼中的是一条非常大的鱼，从侧面反衬出了老人所面临的挑战之大。]

老人设法用双手拉住钓索，用的力气刚好使它不致被鱼扯断。他明白，要是他没法用稳定的劲儿使鱼慢下来，钓索就会被崩断，鱼儿就会把钓索带走。

它是条大鱼，我一定要制服它，他想。我一定不能让它明白自己有多大的力气，它如果逃走的话，谁知道会干出什么事情。我要是它，眼下就要使出浑身的力气，一直飞逃到使什么东西崩断为止。但是感谢上帝，它们没有我们人类聪明，尽管它们比我们高尚，更有能耐。

老人见过许多大鱼，有很多超过一千磅的，前半辈子也曾逮住过两条这么大的，但从来没有独自逮住过。现在他孤身一人，在看不见陆地影子的海中，跟一条比他曾见过、曾听说过的更大的鱼较量着，并且他的左手依旧拳曲（指卷曲；弯曲）着不听使唤，像紧抓着的鹰爪。[赏析解读：目前的形势恶劣，这条鱼的个头已经超出了他听说过的范围，而他又是孤身一人。但他毫不胆怯，体现了其勇于拼搏的精神。]

可是它很快就会恢复过来的，他想。它当然会恢复过来帮助我的右手。有三样东西是兄弟：那条鱼和我的两只手。这手一定会复原的。真可耻，它竟然在关键时刻抽筋。
[赏析解读：老人不断地安慰自己，以此来获得前进的动力。]

鱼又慢下来了，用它一贯的速度向前游着。

它为什么要跳出水面上来呢？老人想。它一定是在向我示威，为了让我看看它个儿有多大。反正我现在已经知道了，他想。但愿我也能让它看看我是个什么样的人，不过这样一来它就会看到这只抽筋的手了。我应该让它认为我是一个比现在更富有男子汉气概的人，我相信我能做到这一点。但愿我就是这条鱼，他想，使出它所有的力量来对付我的意志和智慧。

他舒舒服服地靠在船舷上，忍受着不断袭来的痛楚感。那条鱼稳稳地向前游着，小船穿过深色的海水缓缓前进。东风吹拂着海面，海上卷起了小浪花，到中午时分，老人那抽筋的左手恢复过来了。

"这对你来说是个坏消息，鱼儿啊！"他说着，把钓索从披在他肩上的麻袋上挪了一下位置。

他感到舒服，但同时也感受到了一阵疼痛感袭来，然而他根本不承认这是痛苦。[赏析解读：这句话看似矛盾，但说明了老人顽强的意志已经战胜了来自身体的痛楚。]

"我并不是一个虔诚的人，"他说，"但是我愿意每天念十遍《天主经》（是基督教最为人所知的经文，新教称为主祷文，是耶稣教导门徒的一个模范祈祷）和十遍《圣母经》（又称《圣母祷词》，由天使问候圣母的话、表姐丽莎赞颂圣母的话，以及 16 世纪天主教会附加的祈祷文组成。《圣母经》是天主教、东正教以及英国圣公会等教会的主要祈祷经文），让我能逮住这条鱼。如果逮住了它，我一定去朝拜科布莱的圣母。这是我许下的心愿。"他机械地念起祈祷文来。有些时候他太疲倦了，竟背不出祈祷文。他就念得特别快，使字句能顺口念出来。《圣母经》比《天主经》容易念，他这样想道。

"万福玛利亚，满被圣宠者，主与尔偕焉。女中尔为赞美，尔胎子耶稣，并为赞美。天主圣母玛利亚，为我等罪人，今祈天主，及我等死候。阿门。"然后他加上了两句："万福童贞圣母，我向您祈祷，请让这条鱼死去，虽然它是那么的了不起。"[赏析解读：老人并不是个虔诚的信徒，但他此刻开始祈祷起来，说明这条鱼大得超过了老人的想象，对于能否战胜这条大鱼，老人也没有必胜的把握。]

念完了祈祷文，他觉得舒坦多了，但手依旧像刚才一样痛，也许痛得还要厉害一些，于是他背靠在船头的木舷上，机械地活动起左手的手指。

此刻阳光很强烈，他感到很热，尽管微风吹拂着。

"我还是把船艄的细钓丝重新装上鱼饵好了，"他说，"如果那鱼打算在这里熬上一夜，我就需要再吃点东西，再说，水瓶里的水也所剩无几了。我看这儿除了鲯鳅，也逮不到什么别的东西了。但是，如果趁它新鲜的时候吃，味道应该还很鲜美。我希望今天晚上有条飞鱼跳到船上来，可惜我没有灯光来引诱它们。要是生吃飞鱼的话，应该十分美味，而且不需要用刀子把它切成小块。我目前需要保存所有的精力，天啊，我当初哪知道这条鱼竟然这么大。"

"可是我要宰了它，"他说，"不管它是多么的了不起。"

然而这是不公平的，他想。不过我要让它知道人有多少能耐，人能忍受多少磨难。

"我跟那孩子说过，我是个不同寻常的老头儿，"他说，"现在是证实这句话的时候了。"[赏析解读：他重新恢复了信心，并且下定决心一定要战胜这条鱼，与上文起着呼应的作用。]

事实上，他已经证实过上千次了，这算不上什么。眼下他正要再证实一次。每一次都是新的开始，他这样做的时候，从来不去想过去。

但愿它能睡去，这样我也能睡去，梦见常出现在我梦中的狮子，他想。为什么如今我的梦中只剩下狮子了？[赏析解读：狮子象征着勇气和力量，梦中的狮子是老人的精神支柱，给了他前进的动力。]"别想那么多了，老头儿。"他对自己说道。眼下只需要轻轻地靠着木船舷休息一会儿，什么都不要去想。此时它越忙越好，而自己则越少忙碌越好。

　　时间已经到了下午，小船依旧缓慢而稳定地向前移动着。不过这时刮起的东风给小船增加了一份阻力，老人的小船随着小小的海浪缓缓漂流，钓索勒在他背上的感觉变得稍微温和、舒适些了。

　　下午有一回钓索又浮上来了，可是那条鱼不过是在稍微高一点儿的水面上继续游着。太阳晒在老人的左胳臂、左肩和背脊上，他知道这条鱼转向东北方了。

　　既然他已经看见过这条鱼了，就能想象出它在水里游的样子，它那如同翅膀般的胸鳍大大地张开着，直立起来的大尾巴划破黝黑的海水。不知道它在那样深的海里能看见什么样的东西，老人想。它的眼睛真大，相比之下，马的眼睛要小得多，但马在黑暗中也能看得见东西。从前我在黑暗里也能看清楚，但在一片漆黑中不行，自己差不多能像猫儿一样。

　　太阳晒着，加上他的手指在不断地活动，慢慢地他那抽筋的左手完全恢复过来了，他就开始让左手承担一点拉力，并且耸耸背上的肌肉，将勒着痛处的钓索稍微挪开了一下。

　　"你要是还没有累的话，鱼儿啊，"他说出声来，"那你真是让人不可思议。"[赏析解读：老人多次与大鱼对话，显然已经把这条大鱼当成了倾诉对象。同时，又一次次想着通过打败它来证明自己，表现了老人不畏困难的个性。]

　　他这时感到非常疲惫，明白夜色马上要降临了，所以竭力想些别的事。他想到棒球大联赛，他知道纽约洋基队正在迎战底特律老虎队。

　　这是联赛的第二天，可我不知道比赛的结果，他想。但是我一定要有信心，一定要对得起那了不起的迪马吉奥，他即使脚后跟长了骨刺（又称骨质增生，即骨的退行性病变，是关节炎的一种表现。本病的致病因素主要是由于机械应力分布失衡或负载过度引起的软骨磨损），再疼痛，也能把一切做得十全十美。[赏析解读：老人此时已经疲惫不堪了，为了和大鱼拼耐力，他开始用自己崇拜的迪马吉奥来为自己打气。同时，这样做也有利于分散注意力，让自己感觉不再那么疲惫和痛苦。]

骨刺是什么玩意儿？他问自己。我们没有那玩意儿，它痛起来跟斗鸡脚上装的巨铁刺扎进人的脚后跟时一样厉害吗？我想我是忍受不了那种痛苦的，也不能像斗鸡那样，一只或两只眼睛被啄瞎后仍旧战斗下去。人跟伟大的鸟兽相比，真算不上什么。我还是情愿做那只待在黑暗的深水里的动物。

"除非有鲨鱼来，"他说出声来，"如果有鲨鱼来，让上帝可怜可怜我和这条鱼儿吧！"

你相信那了不起的迪马吉奥能守着一条鱼，像我守着这一条一样长久吗？他想。我相信他能，而且能守更长时间，因为他年轻力壮，加上他的父亲当过渔夫。不过，骨刺痛会不会让他受不了？

"我说不上来，"他说出声来，"我从来没有长过骨刺。"

太阳落下去的时候，为了给自己增强信心，他回想起那回在卡萨布兰卡（指达尔贝达，意为"白色的房子"。位于摩洛哥西部大西洋沿岸，被誉为"摩洛哥之肺""大西洋新娘"）的一家酒店里，他跟码头上力气最大的人，那个从西恩富戈斯（古巴最小的一个省，位于古巴中部地区的南边，是有名的潜水胜地，共有 50 多个潜点）来的大个子黑人比手劲的情景。整整一天一夜，他们把手搁在桌面一道粉笔线上，胳膊朝上伸直，两只手紧握着。双方都竭尽全力企图将对方的手压到桌面上。好多人都在赌谁胜谁负，煤油灯笼罩着整个室内，人们进进出出，他打量着黑人的胳膊、手，还有黑人的脸。最初的八小时过去了，他们每四小时换一个裁判员，好让裁判员轮流睡觉。他和黑人手上的指甲缝里都渗出血来，他们俩注视着彼此的眼睛、手以及胳膊，打赌的人仍在屋内进进出出，他们有的坐在靠墙的高椅子上观看着。墙壁是木制的板壁做成的，漆着明亮的蓝色，几盏灯把他们的影子投射在墙上。黑人的影子非常大，随着微风吹动，这影子也在墙上晃动起来。[赏析解读：老人通过回忆自己年轻时候的英雄事迹来增强自己的信心，以此来证明自己是一个不服输的人。只要是自己认定的事情，就一定会坚持到底。]

整夜，赌注的比例来回变换着，人们把朗姆酒（一种用蜜、糖或甘蔗为原料制成的蒸馏酒，原产地为古巴）送到黑人嘴边，还替他点燃香烟。黑人喝了朗姆酒，就会拼命地使劲儿，有一回把老人的手——他当时还不是个老人，而是"冠军"圣地亚哥——扳下去将近三英寸。但老人又把手扳回来，恢复了势均力敌的局面。他当时相信自己能战胜那黑人，那黑人是一个了不起的男子汉，他是个伟大的运动家。天亮时，打赌的人们要求和局算了，裁判员摇头表示不同意，老人却使出浑身的力气，硬是把那黑人的手一点点往下扳，直到压在桌面上。这场比赛是在一个礼拜天的早上开始的，直到礼拜一早上才结束。当时好多打赌的人要求和局，因为他们得去码头把麻袋装的糖装上船，或者上哈瓦那煤行去干活。不然的话，每个人都会要求比赛到底的。但是他最终赶在工人上工之前，结束了这场比赛。

此后好一阵子，人人都管他叫"冠军"，第二年春天又举行了一场比赛。不过打赌的数目不大，他轻而易举地就赢了，因为他在第一场比赛中就击垮了那个来自西恩富戈斯的黑人的自信心。此后，他又比赛过几次，然后就再也不跟人比赛了。他想，只要他有足够的自信心，他就能打败任何人。他也知道，比赛对他的右手不好，他还要用右手来捕鱼呢！他曾尝试用左手做了几次练习赛，但他的左手一直背叛他，不愿按照他的吩咐行事，所以老人不太信任它。

这会儿太阳就会把手好好晒干的，他想。它不会再抽筋了，除非夜里太冷。不知道今天晚上会发生什么事情。

一架飞机在他头顶的上空飞过，正循着航线飞向迈阿密（美国佛罗里达州第二大城市，位于佛罗里达半岛比斯坎湾），老人看见飞机的影子惊起了成群的飞鱼。

第八章　鲯鳅的命运

[名师导读]

海面上，一位筋疲力尽的老人和一条大鱼之间的激烈搏斗还在继续，老人和大鱼在这场拉锯战中消耗着各自的体力。受了伤的老人会赢得这场战斗吗？体力不支的老人是怎样恢复自己的体力呢？

"有这么多的飞鱼，这里应该有鲯鳅。"他说道，身体带着钓索向后靠，看能不能将那条鱼拉过来一点儿。但是无济于事，钓索还是那样紧紧绷着，上面有水珠抖动着，都快绷断了。小船缓缓地前进，他一直注视着飞机，直到看不见为止。

坐在飞机里一定感觉很怪吧，他想。不知道从那么高的地方朝下望，海是什么样子的？要是飞机飞低点的话，坐在飞机上的人一定能清楚地看到这条鱼。我真希望自己能够低低地飞，从两百英寻的高度往下看看这条鱼。当年在捕海龟的船上，我曾经待在桅顶横桁上，即使在那样的高度，我也能清晰地看到水中的不少东西。从那里往下看，鲯鳅更显绿了，你能清晰地看见它们身上的条纹和紫色斑点，还可以看见它们成群地游动。不知道什么原因，凡是在深暗的水流中游得很快的鱼，它们的背脊都是紫色的，还有紫色条纹或斑点。鲯鳅在水里看上去是绿色的，但事实上它们是金黄色的。当它们饿得慌、想吃东西的时候，身子两侧就会出现紫色条纹，像大马林鱼那样。不知道是因为愤怒，还是游得太快，才使这些条纹显露出来？

在天黑之前，老人的船经过好大一堆马尾藻。在风浪很小的海面上，这些马尾藻摇曳着，仿佛一条黄色的毯子，海洋正和什么东西在下面亲昵着。这时候，他的那根细钓丝被一条鲯鳅咬住了。

他第一次看见鲯鳅是在它跃出水面的时候，在最后一缕阳光中，它如同金子一般，在空中弯起身子，疯狂地扑打着。它一次次惊慌失措地跃出水面，像在做杂技表演。他呢，慢慢地挪动身子，回到船艄，然后蹲了下来。用右手和右胳臂攥住那根粗钓索，用左手把鲯鳅往回拉，每收回一段钓丝，就用光着的左脚踩住。等他将这条带着紫色斑点的、金光灿烂的鲯鳅拉到船艄边，看到它绝望地左右乱蹿乱跳时，老人探出身去，把它拎到船艄上。它的嘴被钓钩挂住了，不停地抽搐着，急促地连连咬着钓钩，还用它那长而扁的身体、尾巴和脑袋拍打着船底。直到老人用木棍打了一下它那金光闪闪的脑袋，它才最后抖了一下，然后不动了。[赏析解读：鲯鳅一连串的动作写出了它的惊慌失措，而老人的一连串动作写出了他的沉着镇定，两相对比，更加突出老人有着高超的捕鱼技巧。]

老人把钓钩从鱼嘴里拔出来，然后重新安上一条沙丁鱼作饵，把它甩进海里。他挪动身子慢慢地回到船头，他洗了洗左手，在裤腿上擦了擦，然后把那根粗钓索从右手挪到左手，在海里洗着右手，同时看着沉到海里的太阳和那根延伸到水中的粗钓索。

"那鱼还是跟刚上钩时一样，一点儿也没变。"他说道。但是他意识到海水正拍打在他手上，船明显慢了好多。"我来把这两支桨交叉绑在船艄，这样在夜里就能使它慢下来，"他说，"它能熬夜，我也能。"

最好稍等一会儿，再把这条鲯鳅开膛剖肚，这样可以让鲜血留在鱼肉里，他想。我可以等一会儿再干这件事情。先把桨扎起来，在水里拖着，增加阻力。眼下还是让鱼安静些好，在日落时分，别让它受到过分的惊吓。对所有的鱼来说，太阳落下去的这段时间总是最难熬的。

他把手举起来晾干了，然后攥住钓索，尽量放松身子，任凭鱼拖着船前行，老人将身子贴在船舷上，这样船就能帮他分担一些鱼的拉力。

我渐渐适应了这条鱼的伎俩了，他想。反正至少在这方面是如此。再说，别忘了它咬饵以来还没吃过任何东西呢，它的身子非常庞大，需要很多的食物才能填饱肚子。我已经吃了一整条金枪鱼，明天还可以吃掉那条鲯鳅。他管鲯鳅叫"黄金鱼"。也许我在清理它的内脏时应该吃上一点儿，它比那条金枪鱼还要难吃。不过话说回来，哪能事事都如意呢？

"你现在感觉怎么样，鱼？"他开口问道，"我倒是觉得自己很好，我的左手已经恢复过来了，我有今天晚上和明天白天一天的食物。慢慢地拖着这船游动吧，鱼。"

他并不像自己说的那样好过，因为钓索勒在背上，疼痛得几乎超出他能忍耐的极限，他已经进入了一种麻木状态，这种状态让他很不踏实。不过，比这更糟的事情我也曾碰到过，他想。我的右手仅仅割破了一点皮，左手的抽筋已经好了，我的两腿目前都很管用。再说，眼下在食物方面，我也比它有优势。[赏析解读：老人的状态十分不好，但还是继续勉励着自己，可见老人的倔强、不甘示弱。]

这时天已经完全黑了，在九月里，只要太阳一落山，天马上就会黑下来。他背靠着船头上已经磨损的木板，让自己休息个够。第一批星星露面了，他不知道猎户座（赤道带星座之一。星座主体由参宿四和参宿七等4颗亮星组成一个大四边形）左脚那颗星的名字，但是看到了它之后，他就意识到其他星星马上也要露面了，这些遥远的朋友又来同他做伴了。

"这条鱼也算得上是我的朋友，"他说出声来，"我从没看见或听说过这样的鱼，不过我必须把它弄死。我更高兴的是，我不必去弄死那些星星。"

想想看，如果人每天都必须弄死月亮，那该多糟糕啊，他想。月亮会逃走的。不过想想看，如果人每天都必须去弄死太阳，那又怎么样？所以总的来说，我们还算幸运，他想。

于是他替这条没东西吃的大鱼感到伤心，但是要杀死它的决心绝对没有因为替它伤心而有所减弱。它那么大，能供多少人吃啊？他想。可是他们配吃它吗？不配，当然不配。凭借它的举止风度和它那贵族一般的尊严来看，谁也不配吃它。[赏析解读：老人的话十分浅显，但蕴含着一个哲理，就是肯努力拼搏的人，才配拥有胜利的果实。]

我弄不明白这些事情，他想。可是我们不必去弄死太阳、月亮或星星，这是好事。在海上过日子，弄死我们自己真正的兄弟，已经够让我们难受了。

现在，他想，我该考虑考虑那在水里拖着的障碍物了。这玩意儿有它的危险，也有它的好处。如果这条鱼使劲地往前拖着，造成阻力的那两把桨在原处不动。船不像从前那样轻盈的话，这条鱼就会拖走很长一段钓索，到最后它就会逃脱掉。如果继续保持船身轻盈的话，我们双方的痛苦就会有所延长，但这样我会相对安全一些，因为这条鱼能游得很快，并且它这本领至今还未完全使出来。不管最终的结果是什么样子的，我必须把这鲯鳅开膛剖肚，免得坏掉了，并且吃一点长长力气。

现在我要再歇一个钟头，等这条鱼动作再次稳定下来，我才能回到船艄去干这件事情，然后再想想之后的对策。在这段时间里，我要时时刻刻地关注着它，看看有没有什么明显的变化。把那两把桨放在那儿是个好计策，不过已经到了该小心翼翼的时候了。这条鱼依旧很厉害。我看见过钓钩挂在它的嘴角，它把嘴闭得紧紧的。[赏析解读：这句话写出了大鱼和老人一样顽强勇敢，难以对付，从而更加突出了老人的任务之艰巨。]钓钩的折磨算不上什么，饥饿的折磨，加上还得对付它不了解的对手，那才是最大的麻烦。歇歇吧，老家伙，让它自己游去，等轮到你干活的时候再说。

他认为自己已经休息了两个钟头。月亮要等到很晚才爬上来，他没办法判断时间。实际上，他并没有好好休息，只能说是稍微休息了一会儿。他肩上依旧承受着大鱼的拉力，不过他把左手按在船头的舷上，把对抗鱼拉力的任务更多地让小船来承担了。

要是能拴住钓索，事情就会变得简单多了，他想。可是，只要鱼稍微歪一歪，就会绷断钓索。我必须用自己的身子来缓冲这钓索的拉力，随时准备用双手放出钓索。

"不过你还没睡觉呢，老家伙，"他说出声来，"你已经熬过了半个白天和整整一晚上，现在又是一个白天，可你一直没有睡觉。你必须想个办法，趁鱼老实的时候睡上一会儿。如果你不睡觉，就会把自己弄糊涂。"

我的脑袋还算清醒，他想。简直是太清醒了。我跟星星一样清醒，它们是我的兄弟。不过我还是必须睡觉。它们要睡觉，月亮和太阳也要睡觉，连海洋也需要睡觉，那就是在某些没有激浪（汹涌急剧的波浪）、平静无波的日子里。[赏析解读：老人把星星、月亮、太阳都当成朋友，在老人的眼中，它们都是有生命的。]

可别忘了睡觉，他想。强迫自己睡觉，想出些简单而稳妥的办法来固定那根钓索。现在回到船艄去处理那条鲯鳅吧！如果一定要睡觉，把桨绑起来拖在水里就太危险了。

我不睡觉也能行，他对自己说。不过这样就太危险了。他跪在船板上，用双手双膝爬回船艄，小心谨慎地生怕惊动那条鱼。它也许正是半睡半醒的状态，他想。可是我不想让它休息，必须让它一直游动着，直到死去。

回到船艄后，他转身用左手攥住紧勒在肩上的钓索，用右手从刀鞘中拔出刀子。

这时的星星异常的明亮，他可以清楚地看见那条鲯鳅，就把刀刃扎进它的头部，把它从船艄下拖出来。他用一只脚踩在鱼身上，从下到上，"倏"地一刀直接剖到它的头部。

然后他放下刀子，用右手把内脏掏干净了，干脆把鳃也取了下来。他把鱼胃放在手中，觉得沉甸甸、滑溜溜的，就把它剖开来，发现里面有两条小飞鱼。[赏析解读：简短的几句话，写出了老人剥鱼动作之利索，可以看出老人有着极其娴熟的宰鱼技术。]

　　这两条小飞鱼还很新鲜，显然是刚被鲯鳅吃掉的。老人把它们并排放下，把内脏和鱼鳃扔进水中。它们沉下去的时候，在水中拖出一道磷光。鲯鳅是冰冷的，在星光里显得像麻风病（世界三大慢性传染病之一，由麻风分枝杆菌引起的一种慢性传染病，其最重要的临床表现是皮肤黏膜的慢性炎症，患者皮肤感觉逐渐丧失，即"麻木"，严重者甚至出现手、足指头脱落等残疾）患者般灰白。老人用右脚踩住鱼头，将鱼身上面的皮剥掉，然后把鱼翻转过来，将鱼下面的皮也剥掉了，从头到尾地割下鱼身两边的肉。

　　他把鱼骨轻轻地丢到舷外，看着它是不是在水里打转，但只看到它慢慢沉下时反射出的一道磷光。他转过身来，把两条飞鱼夹在那两片鱼肉中间，把刀子插进刀鞘，然后慢慢地挪动身子，回到船头。他被钓索上的分量拉弯了腰，但他右手仍然拿着鱼肉。

　　老人坐在船头，将两片鱼肉摊在船板上，飞鱼被搁在旁边。随后他把勒在肩上的钓索换了一个地方，又用搁在船舷上的左手握住了钓索。[赏析解读："换"这个动作，说明老人现在已经疲惫不堪了。]

　　接着他靠在船舷上，把飞鱼放在水中洗了洗，同时留意着水冲击在他手上的速度。他的手因黏上了鱼鳞而发出磷光，他仔细观察水流怎样冲击他的手。水流不像先前那么有力了，当他把手翻过来放在船板上摩擦的时候，星星点点的鳞质漂散开，慢慢朝船尾漂去。

　　"它越来越累了，要不就是在休息，"老人说，"趁这个机会，我来把这鲯鳅全吃了，然后睡一会儿。"[赏析解读：老人趁大鱼累的时候赶紧吃点儿东西来补充体力，说明老人十分善于把握机会，而不是一味地蛮干。]

在冷风习习的夜晚星光下，他把一片鱼肉吃了一半，还吃了一条已经除去内脏、切掉了脑袋的飞鱼。"如果鲯鳅煮熟了，那味道多鲜美啊，"他说，"生吃可难吃了。以后不带盐或酸橙，我绝对不会再出海了。"

　　如果我聪明的话，就会整天把装有海水的瓶子挂在船头，等太阳把海水晒干了，我就有盐了，他想。不过话得说回来，直到太阳快落山的时候，我才钓到这条鲯鳅的。但毕竟是准备工作做得不足，老人想。但当他把整条鲯鳅细细咀嚼着全吃下去后，并没有恶心作呕。

　　东方天空中的云越来越多，他认识的星星一颗颗地全都不见了。眼下他仿佛正驶进一个有云彩的大峡谷，风已经停了。

　　"三四天内会有坏天气，"他说，"但是今晚和明天的天气还好，现在我得休息一会儿了，老家伙，睡会儿吧，趁这鱼还比较老实的时候。"[赏析解读：未来的三四天会有坏天气，但这两天还好，所以老人要趁着大鱼老实的时候，抓紧一切可以休息的时间恢复体力。]

　　他用右手紧紧地握住钓索，然后拿大腿抵住右手，把全身的重量都压在船头的木板上，紧接着把勒在肩上的钓索挪了个位置，用左手撑住了钓索。

　　只要钓索被撑紧了，我的右手就能攥住它，他想。如果我睡着时，它松了，朝外滑去，我的左手会把我弄醒的。这对我的右手来说是一个很艰巨的任务，但是它已经吃惯了苦。哪怕我能睡上二十分钟或者半个钟头也是好的。他朝前用整个身子夹住钓索，把全身的重量放在右手上，然后进入了梦乡。

　　这回，他没有梦见狮子，却梦见了一大群海豚，占据着长达八到十英里的海面。这正是它们交配的季节，它们会高高地跳到半空中，然后掉回到它们跳跃时在水里形成的漩涡里。

接着他梦见自己躺在家里的床上。当时正刮着北风，他感到寒意袭人，他的右胳膊已经麻木了，因为他的头压在右胳膊上，而不是枕头上。

在这以后，他梦见那道长长的黄色海滩，看见第一头狮子在傍晚时分来到海滩上，接着其他狮子也来了，于是他把下巴搁在船头的木板上，船抛下了锚停靠在那里，晚风吹过海面，他等着看有没有更多的狮子来到这里，感到很快乐。[赏析解读：老人之所以希望更多的狮子来，是因为狮子象征着力量和勇气，能够给处境艰难的老人注入生机和希望。]

月亮升起来好久了，可他只顾睡着，鱼平稳地向前游着，船驶进了有云彩的峡谷里。

第九章　直面即是死亡

[名师导读]

在同大鱼周旋的过程中，老人最终凭借自己坚强的意志力赢得了这场战争的胜利。这场力量与智慧的较量，对老人来说就像是一场梦。

突然，他的右拳猛地朝他的脸撞去，钓索火辣辣地从他右手里滑了出去，他惊醒了过来。[赏析解读：情况发生了突然的变化，大鱼开始发动进攻了，一场恶战即将上演。]

他感觉自己的左手失去了知觉，就用右手拼命拉住钓索，但它还是一个劲地朝外滑。他的左手终于抓住了钓索，他仰着身子把钓索往后拉，这样一来，钓索勒着他的背脊和左手，左手承受了全部的拉力，被勒得好痛。他回头望了望那些钓索卷儿，它们正迅速地放出钓索。正在这时，鱼跳跃了起来，海面大大地迸裂（裂开而往外飞溅）开来，那有着庞大身躯的鱼蹿了出来，然后沉重地掉了下去。接着它跳了一次又一次，小船快速地向前奔跑着，钓索依旧飞似地往外滑，老人一次次把它拉紧到就快绷断的程度。他被鱼拽得紧靠在船头上，脸颊贴在那片切下的鲯鳅肉上，他没法动弹。我正等着事情发生呢，他想。让我来对付它吧！让它尝尝拖钓索的代价吧！

鱼儿不停地跃出水面，但他看不见，只听得见海面的迸裂声和鱼掉下时沉重的水花飞溅声。飞快朝外溜的钓索把他的手勒得火辣辣的痛，但是他知道这事情迟早会发生，就设法让钓索勒在起老茧的部位，不让它滑到掌心或者勒在手指头上。

如果那孩子在这儿，他会用水打湿这些钓索卷儿，他想。是啊，如果孩子在这儿该多好啊！

钓索依然朝外溜着，不过速度却越来越慢了，鱼每拖走一英寸钓索，老人都竭尽全力地让它付出代价。现在他从木船板上抬起头来，不再贴在那片已经被他的脸颊压烂的鱼肉上了。他跪在那里，然后慢慢地站了起来。他正往外放出钓索，速度也越来越慢了。他把身子慢慢地挪到可以用脚碰到那一卷卷备用钓索的地方。钓索还有很多，现在这条鱼不得不在水里拖着这许多摩擦力大的新钓索了。[赏析解读："跪"和"挪"两个字，可以看出老人与大鱼斗争的艰难。]

是啊，他想。到这个时候，它已经跳了不止十二次了，它那沿着背脊的液囊装满了空气，所以没法沉到深水中。如果它死在了深水中，我就没法把它捞上来。它不久就会转起圈来，我得想办法对付它。不知道它为什么突然跳跃起来，难道饥饿让它已经忍受不住了？还是在夜间被什么东西吓着了？也许是它突然感到害怕了。不过它是一条那样沉着、健壮的鱼，应该没有什么东西能让它感到害怕的，这太奇怪了。

"你最好也像它那样无所畏惧，并且信心十足，老家伙。"他说。

"你又把它拖住了，可是你没法收回钓索。不过它马上要转圈了。"

老人这时用他的左手和肩膀拽住了钓索，他弯下身去，用右手舀水洗掉黏在脸上的被压烂的鲯鳅肉。他担心时间长了，这肉会让他恶心呕吐，丧失力气。擦干净脸后，他一边把右手放在船舷外的海水里洗洗，然后让它一直泡在盐水里，一边注视着日出前的第一线曙光。它几乎是朝正东方向游的，他想。这表明它已经疲惫不堪了，正随波逐流（随着波浪起伏，跟着流水漂荡）。它马上要转圈了，那时我们的较量才真正开始。等他觉得右手在水里泡的时间足够长后，他就将其拿了出来，然后看了看。

"情况不坏，"他说，"疼痛对一条汉子来说，算不上什么。"

他小心地攥着钓索，使它不至于碰到新勒破的任何一道伤口，他把身子挪到小船的另一边，这样就能把左手伸进海水里。[赏析解读：对老人来说，疼痛并不是最坏的情况，因为那是可以凭借强大的意志力来战胜的。]

"你虽然不值得信任，但总体来说，你干得还不赖。"他对他的左手说。

"可是曾经有一会儿，我得不到你的任何帮助。"

为什么你们这两只手不是同样的能干呢？他想。也许是我自己的原因，没有好好训练这只手，可是天知道它曾有过足够多的学习机会。然而它在今天夜里干得还不错，仅仅抽了一回筋。要是它再抽筋，就让这钓索把它勒断吧！

他想到这里，明白自己的头脑有些糊涂了，他想自己应该再吃一点儿鲯鳅肉。但是我不能再吃了，他对自己说，我情愿头昏目眩，也不想因为恶心呕吐而丧失力气。我知道即使吃了，胃里也搁不住，因为我的脸已经将其压烂了。我要把它留下以防万一，直到它变腐臭了为止。不过它已经没有多少营养了，你糟践了能补充体力的美味。你真蠢，他对自己说，把另外那条飞鱼吃了吧！

它就在那儿，已经洗干净，可以吃了，他用左手把它捡了起来，放进了嘴里，细细地咀嚼着鱼骨，从头到尾全都吃了。

它虽然营养不够丰富，他想，但至少能给我提供力气。我如今已经做到了我能做到的一切，他想。等这条鱼转起圈来，我们就来一比高下吧！

自从他出海以来，太阳已经是第三次升了起来，这时大鱼开始转圈了。

根据钓索的斜度，他还判断不出大鱼在打转，说明为时尚早。他仅仅感觉到钓索上的拉力稍微减少了一些，便马上开始用右手轻轻往里拉。钓索像往常那样紧绷着，可是拉到快迸断的时候，力道又消失了。他把钓索从肩膀上卸下来，动作平稳而缓和。不一会儿，他用两只手大幅度地往回拉着，尽量使出全身的力气。他一刻不停地拉着，两条老迈的腿和肩膀跟着转动。[赏析解读：老人使出了全身的力气，说明对付这条大鱼是一件十分艰难的事。]

"它转的圈子可真大，"他说，"它可总算决定打转了。"

紧接着，钓索就无法往回拉了。他紧紧拉着，竟看见水珠在阳光里从钓索上迸出来。随后钓索开始往外滑了，老人被钓索弄得双膝跪在了地上，老大不愿地让它又慢慢地回到深暗的水中。

"它一定是绕到圈子对面去了。"他说。我拼了老命也要拉紧钓索，他想。如果拉紧了，它兜的圈子就会一次比一次小。如果这样的话，也许一个钟头内我就能见到它。我眼下一定要稳住它，然后弄死它。

但是这条鱼只顾慢慢地转着圈子，两小时后，老人满身大汗，疲惫至极。不过这个时候，圈子已经小了很多，而且根据钓索的斜度，他能判断出鱼一边游一边在不断地上升。

老人看见眼前有些黑点子，那是汗水中的盐分沤着他的眼睛，侵蚀（逐渐侵害使变坏）着脑门上和眼睛上方的伤口，这样已经有一个小时了。他不怕那些黑点子，他这么紧张地拉着钓索，出现黑点子是正常的现象。但是他已经有两次感到头昏目眩，这让他有些担心。

"我一定要坚持住，我不能就这样死在一条鱼的手里！"[赏析解读：虽然老人并没有十足的把握能抓到这条鱼，但他有着坚定的意志力，并决定竭尽全力来抓到这条大鱼。]他说，"既然我已经让它漂亮地转圈子了，求上帝帮帮我，让我能坚持住。我要念一百遍《天主经》和一百遍《圣母经》，不过眼下还不能念。"

就算这些已经念过了吧,他想。我过后会念的。

就在这时,他觉得自己双手攥住的钓索突然被撞击、拉扯了一下。这一下很猛,很强劲,让他十分难受。

它正用它的长嘴撞击着钓索,他想。这是免不了的。但是这样一来,也许会使它跳起来,但我情愿它继续转圈子。但它必须跳出水面来呼吸空气,每跳一次,钓钩造成的伤口就会裂得大一些,它可能会甩掉钓钩。"别跳,鱼啊,"他说,"别跳了。"

鱼又撞击了钓索好几次,它每甩一次头,老人就放出一些钓索。

我必须让它的疼痛老是在一个地方,他想。我的疼痛不要紧,我能控制住,但它的疼痛能让它发疯。[赏析解读:如果疼痛始终在一个地方,就会引起大鱼狂躁,这正是老人的计策,说明老人有着丰富的捕鱼经验。]

过了片刻,鱼不再撞击钓索,又慢慢地打起转来。老人这时不停地将钓索收了进来,但他再次感到头晕目眩了。他用左手舀了些海水,浇在脑袋上,然后又浇了些在脖颈上揉擦着。

"我没抽筋,"他说,"它马上就会冒出水来,我熬得住。你非熬下去不可。丧气话连提也别再提了。"[赏析解读:斗争最激烈的时候,老人一直在鼓励着自己,毫不退缩。]

他靠着船头跪下,然后努力地把钓索挎在背上。我眼下要趁它朝外兜圈子的时候休息一会儿,等它兜回来的时候再站起来对付它,他这样下了决心。

他只想靠在船头休息一会儿,让鱼自顾自地兜圈子,并不回收一点钓索。但等钓索松动了一点,表明鱼已经转身朝小船游了过来,老人就站起身来,开始那种左右交替的拉曳动作,他一向是这样收回钓索的。

我从来没有这样疲惫过,他想,而现在风刮了起来。正好靠它来把这鱼拖回海港。[赏析解读:老人早已筋疲力尽,这时来了风,简直是雪中送炭。]

"等它下一趟朝外兜圈子的时候，我要歇一会儿。"他说。

"我觉得好过多了。等它再兜个两三圈，我就能逮住它。"他把草帽推到后脑勺上，他已经明显感觉到大鱼在转身了。随着钓索一扯，他一屁股坐在了船头上。

你现在忙你的吧，鱼啊，他想。等你转身时，我再来对付你。海浪被风吹得大了不少，不过这是晴天时吹的微风，我得靠它才能回家。

"我只需要朝西南航行，"他说，"人在海上是绝不会迷路的，何况这还有一个长长的岛屿（这里指古巴岛）。"

大鱼兜到第三圈，老人才第一次看见它。

他首先看到的是一个黑色的影子，从船底经过时，它需要很长一段时间，它是那么的庞大，让他简直不敢相信自己的眼睛。

"太让人难以想象了，"他说，"它是如此的大。"

但它就是如此庞大，这一圈兜完了，它冒了出来，离小船只有三十码的距离，老人看见它的尾巴露出了水面。这尾巴比一把大镰刀的刀刃还要大，是极淡的浅紫色，竖在深蓝色的海面上。

大鱼在水面下游的时候，老人看得见它庞大的身躯和浑身的紫色条纹。它的脊鳍朝下耷拉着，巨大的胸鳍张开着，像一对大大的翅膀。[赏析解读：老人这次终于看清了这条大鱼的真面目，它大得让人触目惊心，这意味着老人面临着一个艰难的任务。]

这回鱼兜圈子游回来时，老人看见它那大大的眼睛和绕着它游的两条灰色的乳鱼（即小鱼，在古文中称为"乳鱼"）。它们有时候依附在它身上，有时候"倏"地游开去。有时候会在它的阴影里自由自在地游着。它们每条都长达三英尺，游得快时全身猛烈地甩动着，如同颤动的鳗鱼（是鳗鲡目分类下的物种总称。又称鳝，一种外观类似长条蛇形的鱼类，具有鱼的基本特征，一般产于咸淡水交界海域。）一般。

老人全身不停地在出汗，还不光是太阳炙热地烤着他，还有其他原因。鱼每次沉着而平静地兜回来时，他总会收回一点钓索，所以他确信鱼再兜上两圈，就有机会把鱼叉扎进去了。

可我必须把它拉得再近一点，极近，非常近，他想。我千万不能扎它的脑袋，我该使劲扎它的心脏。[赏析解读：这条鱼太大了，以致老人不得不小心谨慎地对待这个庞然大物，只有扎进它的心脏，才能杀死它。]

"要沉着，要有力，老家伙。"他说。

鱼又兜了一圈，它的背脊露出来了，不过离小船还是远了一点。再兜了一圈，还是太远，他还是够不着，但是它在水面上露得比之前要高些，老人相信，再收回一些钓索，就可以把它拉到船边来。

他早就把鱼叉准备好了，叉上的那卷细绳子被搁在一只圆筐内，一端紧紧地系在船头那根结实的柱子上。

这时，鱼又兜了一圈回来了，它既沉着又美丽，依然不慌不忙地游动着，只有大尾巴在来回摆动。老人竭尽全力把它拉得更近了一些。有那么一会儿，鱼的身子稍微倾斜了一点。但它马上竖直了身子，又开始兜起圈子来。

"我拉动它了，"老人说，"我刚才确确实实地拉动它了。"

他又感到头晕，但还是竭尽全力拽住了那条大鱼。[赏析解读：老人头晕，证明他已经透支了所有体力，老人现在是凭着顽强的意志力支撑着自己。]我把它拉动了，他想。也许这一回我就能把它拉过来。拉呀，手啊，他想。站稳了，腿。为了我熬下去吧，头啊，为了我熬下去吧，你可从没晕倒过。这一回我要把它拉过来。

但是，等他把浑身的力气都使出来，趁鱼还没来到船边时，就开始使劲地拉着，不料那鱼却侧过一半身子，然后又恢复之前的样子重新游走了。

"鱼啊，"老人说，"鱼，你反正是死定了，难道非得拉上我跟你一起去死吗？"

照这样下去，我会一事无成的，他想。他嘴里干得说不出话来，但他此刻无法伸手去拿水喝。我这一回必须把它拉到船边来，他想。它再多兜几圈，我就撑不住了。不，你行的，他对自己说，你永远行的。鱼在兜下一圈时，他差一点儿把它拉了过来。可是这鱼又竖直了身子，慢慢地游走了。

你要把我害死了，鱼啊，老人想。不过你有权利这样做。我从没见过比你更美丽、更庞大、更镇定、更崇高的家伙，老弟，来，互相伤害吧，把我拉进海里，我不在乎是你把我拉进海里，还是我把你拉上来。

老家伙啊，你现在头脑不太清醒了，他想。你必须时刻保持头脑清醒，像个男子汉一样，懂得忍受痛苦。或者像这条鱼一样，他想。

"清醒过来吧，老家伙，"他用自己也听不见的声音说道，"快醒醒吧！"

鱼又兜了两圈，还是老样子。

我真不懂，老人想。每一回他都觉得自己快要垮掉，已经坚持不下去了。我弄不懂，但我还要再试一次。[赏析解读：面对挫折的时候，老人有两个选择，一个是前进，一个是放弃。很显然，老人虽然也胡思乱想过，但他最终选择了继续前行。]

他又试了一下，等他把鱼拉得转过来时，他觉得自己要倒下了。那鱼竖直了身子，又慢慢地游走了，大尾巴在海面上摇摆着。

我还要试一下，老人对自己说道，尽管他的双手这时已经动不了，眼睛也变得模糊起来。

他又试了一下，还是同样的结果。原来如此，他想，还没动手就感觉要垮下来了，我还要再试一下。

他忍住了一切痛楚，拿出残存的力气和快要丧失的自傲，来对付这条垂死挣扎的鱼。

它再一次在他身边慢慢地游着，它的嘴几乎碰到了小船的船板。它开始在船边游过来游过去，身子又长、又高、又宽，银色的身子上面还有些紫色条纹，在水里看起来有着无穷的力量。

老人放下钓索，然后将其一脚踩住。他高高地举起鱼叉，使出全身的力气，加上他刚才突然被激发的力气，把它朝下直直地扎进鱼身体上大胸鳍后面一点的地方。这大鱼的胸鳍高高地竖立着，跟老人的胸膛平齐。他感到铁叉扎了进去，就把身子倚在上面，使它扎得更深一点，再用全身的重量把它压下去。

于是那鱼开始翻腾起来，尽管死到临头了，它仍从水中高高跃起，把它那惊人的长度和宽度，它的力量和美，全都暴露无遗。它仿佛悬在小船中老人的头顶上空。然后"砰"的一声掉进水里，浪花溅了老人一身，船都进水了。[赏析解读：作者将大鱼临死前的挣扎描写得十分形象生动，极具画面感，让读者仿佛也感受到了大鱼的不甘心。]

老人感到头晕目眩，十分恶心，看不清楚东西。他立刻松开了鱼叉上的绳子，让它从他划破了皮的双手之间慢慢地溜出去，等他的眼睛好些了，他看见那鱼仰天躺着，银色的肚皮朝上。鱼叉的柄斜插在鱼的肩部上，海水被它心脏里流出的鲜血染红了。刚开始，出血的地方黑黝黝的，如同一英里多深的蓝色海水中的一块礁石。然后鲜血如同云彩般扩散开来。那鱼已经了无生气，一动不动地随着波浪浮动着。[赏析解读：老人终于成功了，在与大鱼的漫长斗争中获得了最后的胜利，这是老人意志的胜利。但是还有一个问题：老人能顺利地将这个战利品带回家吗？]

第十章　鲨鱼的第一次袭击

[名师导读]

老人凭借着自己的智慧和毅力，最终成功地制服了大鱼。他扬起风帆，准备带着战利品返回港湾。但是大鱼身上的血腥味招来了鲨鱼，"恶战"即将再次上演。

老人用他时而清晰时而模糊的眼睛仔细打量着这条大鱼，接着他把鱼叉上的绳子在船头的系缆柱上绕了两圈，然后把脑袋搁在双手上。

"大脑啊，醒醒吧，"他靠在船头的木板上说，"我是个疲惫至极的老头。但我杀死了这条大鱼，它是我的兄弟，现在我得把剩下的活干完了。"

现在我得准备好绳子和套索，把它绑在船边，他想。如果孩子在这里，他会帮我把船装满了水，让船沉下去后把这条大鱼拉上来，然后再把水舀掉。这条小船绝对容不下它，我得做好一切准备，把这条大鱼拖过来绑好，竖起桅杆，扬帆回家去。

他慢慢地把鱼拖到船边，这样就可以从它的鳃中穿进去一根绳子，然后从嘴里将绳子拉出来，把它的脑袋紧紧地绑在船头边。我想看看它，他想，碰碰它，摸摸它。它是我的财产，他想，但是我想摸摸它倒不是因为这个原因。我以为刚才已经碰到了它的心脏,他想。那是在我第二次握着鱼叉的柄扎进去的时候。现在我得把它拖过来,用一根套索拴住它的尾巴,另一根拴住它的腰部,把它牢牢地绑在我的小船上。

"动手干活吧,老家伙。"他说。他稍微喝了一口水。

"战斗既然结束了,就有好多辛苦的活要干呢!"[赏析解读:老人与大鱼之间的战斗已经结束,开始打扫战场,故事的节奏开始变得平缓起来。]

他抬头望了望天空中的太阳,晌午才过了没多少时间,他想,然后望了望拴在船外的鱼。这时,海风再次刮了起来,这些钓索现在都用不着了。回家以后,那孩子会帮我把它们接在一起的。

"过来吧,鱼啊。"他说。可是这条鱼并没有过来,反而躺在海面上翻滚着,老人只好把小船驶到它的身边。

等小船和鱼并拢了,他就把鱼头紧挨着船头,简直无法相信它竟然有这么大。他从系缆柱上解下鱼叉柄上的绳子,穿进鱼鳃,再从鱼嘴里拉出来,在它那剑似的长嘴上绕了一圈,然后穿过另一个鱼鳃,在剑嘴上再绕上一圈,把这两股绳子打了一个结,紧紧地系在船头的系缆柱上。随后,他割下一截绳子,走到船艄去套住鱼尾巴。鱼已经从原来的紫银色变成了纯银色,条纹和尾巴显出同样的淡紫色。大鱼身上的这些条纹比一个人张开五指的手掌更宽,它的眼睛看上去冷漠得像潜望镜(指从海面下伸出海面或从低洼坑道伸出地面,用以窥探海面或地面上活动的装置。世界上最早记载潜望镜原理的是公元前 2 世纪我国的《淮南万毕术》,现代潜望镜则是 20 世纪初发明的)中的反射镜,或者迎神行列中的圣徒(本意指先知、圣人的门徒或先知、圣人思想的追随者)像。

"要杀死它只有这个办法。"老人说。他稍微喝了一点水,感觉舒服了一些,知道自己不会倒下去的,头脑也很清醒。看上去,它不止一千五百磅重,他想。它也许比我想象的更重,如果去掉了头尾和下脚,肉有三分之二的重量,按三角钱一磅计算,该是多少?

"我需要一支铅笔来计算，"他说，"我的头脑还没清醒到能算账的程度。不过，我想那了不起的迪马吉奥今天会替我感到骄傲。我没有长骨刺，可是双手和背脊实在痛得厉害。"不知道骨刺是什么玩意儿，他想。也许我们都长着骨刺，只是自己不知道而已。

他把鱼紧紧地系在船头、船艄和船中央的座板上。它真的太大了，简直像是在自己的船边绑上了另一只大得多的船。他割下一段钓索，将鱼的下颌和它的长上颌捆在一起，使它的嘴不能张开，这样船就可以干净利落地在海面上行驶了。然后他竖起桅杆，装上那根当鱼钩用的棍子和下桁，张起打满补丁的帆，船开始移动了，他半躺在船艄，向西南方驶去。[赏析解读：老人此刻已经把大鱼当成自己的所有物了，然而事情真的会像他所想象的那样简单吗？他真的能够把大鱼完好无缺地带回家吗？这里起着引出下文的作用。]

他不需要罗盘来指示方向，只凭风吹在身上的感觉和帆的动向就能知道这些。我还是放一根系着匙行假饵的细钓丝到水里去，钓些什么东西来吃吃吧，也可以打打牙祭，他想。可是他找不到假饵，他的沙丁鱼也都腐臭了。所以他趁船经过马尾藻丛的时候用鱼钩钩上了一簇黄色的马尾藻，使劲地抖了抖，使藏在里面的小虾掉在小船船板上。小虾有一打那么多，蹦蹦跳跳的，甩着脚，像沙蚤一般。老人用拇指和食指掐去它们的头，连壳带尾巴嚼着吃了。它们很小，但是他知道它们很有营养，并且十分美味。

老人的瓶中还有两口水，吃了虾以后，他喝了半口。考虑到这小船并不结实，目前它已经行驶得很不错了，他把舵柄夹在胳肢窝里，控制着舵盘。他现在已经清清楚楚地感受到鱼的存在了，他只用看看自己的双手，感觉到背脊靠在船艄上，就知道这是实实在在发生的事情，而不是一场梦。有一阵子，眼看事情马上要失败了，他感到非常难受，便认为这也许是一场梦。等他后来看到鱼跃出水面，在落下前好像一动不动地悬在半空中的那一刹那，老人便觉得这中间一定有什么重大的秘密。他无法相信，因为当时他看不大清楚，尽管眼下他又像往常一样看得很清楚了。

现在他头脑清晰地意识到这条大鱼就在这里，他的背脊和双手都不是梦中之物。双手上的伤口很快就会痊愈的，他想。它们受了很重的伤，但海水会治好它们的。世界上最佳的治疗剂就是这海湾中最深暗的水，我只用保持头脑清醒就行。我的这两只手已经完成了它们该完成的活，目前我的船也行驶得不错。[赏析解读：即便是现在，老人都不相信自己独自捕捉到这条大鱼了，一切都如同在梦中，但他确确实实做到了。]

大鱼紧紧地闭着嘴，尾巴直直地竖立着，我们像亲兄弟一般出海航行着。接着他又有点神志不清起来，他竟然在考虑这个问题：是它在带我回家，还是我在带它回家呢？如果我把它拖在船后面，那没有任何疑问。如果这鱼丢尽了面子，被放在这小船上，那么也不会有什么问题。可是他们是并排地拴在一起航行的，所以老人想，只要它高兴，就让它把我带回家去得了。我不过靠了些诡计才逮着它的，但它对我并没有恶意。[赏析解读：老人觉得自己用捕鱼技巧捕到了这条大鱼，对大鱼来说，这是一个阴谋诡计，自己则不过如此。说明老人极其尊重生命，内心朴实无华。]

船平稳地向前航行着，老人把手浸在盐水里，努力保持头脑清醒。积云越堆越高，上面还飘着大量的卷云（是高云的一种，也是对流层中最高的云，平均高度超过6000米。它由高空的细小、稀疏的冰晶组成，云比较薄而透光良好，色泽洁白并具有冰晶的亮泽），因此老人推断出这风会刮上整整一夜。老人经常看看鱼，好确定这一切都是真实的。在第一条鲨鱼来袭击它的前一个钟头，他一直是这么度过的。

这条鲨鱼的出现不是偶然的。当那一大片暗红的血朝一英里深的海里下沉并扩散的时候，它从水底深处上来了。它蹿上来的速度是那么快，全然不顾一切，竟然冲破了蓝色的水面,把自己暴露在阳光下。紧接着,它又掉回海里,嗅到了血腥的气味,就顺着小船和那条鱼所走的路线游去。

有时候,它跟丢了气味,但是它总是能重新嗅到,或者就嗅到那么一点儿,它就飞快地追赶过来。这是一条很大的灰鲭鲨(是鼠鲨科、鲭鲨属中的一种近海上层大型鲨鱼,栖息深度由表层至740米左右。体长最长可达4米,有独特的月牙形尾鳍、长长的雏形鼻,锋利的牙齿,体为青色,吻腹侧和腹部为白色。它的性情凶猛,仅次于大白鲨对人类的威胁,而且是鲨鱼中游泳速度最快的,时速可达56千米),天生一副好体格,能游得跟海里最快的鱼一样快,它身上的线条很美,除了它的上、下颚。它的背部是湛蓝色的,如同剑鱼的一般,肚子是银色的,鱼皮光滑而漂亮。除了它那张紧闭着的大嘴外,其他部位也和剑鱼很像。它眼下正在水面下快速地游动着,高耸的脊鳍像刀子般划破水面,一点儿都不抖动。在这紧闭着的大嘴里面,八排牙齿全都朝里倾斜着。它们的牙齿和大多数鲨鱼的不同,不是一般的金字塔形的,弯曲得像人的指甲。它们那白森森(白森森亦作"白生生",形容很白)的牙齿和老人的手指一样长,两边都有刀片般锋利的快口。[赏析解读:作者极力描写灰鲭鲨的凶恶,强调其有着极强的杀伤力,是为了衬托出下文老人的无畏和勇猛。]

这种鱼天生就拿海里所有的鱼当食物,它们游得那么快,长得那么健壮,武器齐备,简直是所向披靡。它已经闻到了这股新鲜的血腥味,此刻加快了速度,蓝色的脊鳍划破了水面。老人看见它游了过来,看出这是一条无所畏惧且为非作歹的鲨鱼。他准备好了鱼叉,系紧了绳子,看着鲨鱼向前游了过来。绳子短了,缺了被他割下用来绑大鱼的那一截。老人此刻头脑十分清醒,下定了决心,但并不抱着多少希望。好的运气一般都不会持久的,他想。他注视着在逼近的鲨鱼,用眼角余光扫了大鱼一眼。这简直是一场梦,他想。我没法阻止它来袭击我,但是我能试着弄死它。登多索（加利西亚语，意思为"牙齿锋利的"，也是对灰鲭鲨的俗称。古巴曾是西班牙的殖民地，古巴人多为西班牙移民的后代，加利西亚语又是西班牙官方语言之一）鲨，他想。碰到我，算你倒霉。[赏析解读：尽管老人面对的是一条凶狠的登多索鲨，但他并没有畏惧，而是冷静地思考怎样能够杀死这条鲨鱼。说明老人沉着冷静，面对困难时勇往直前，无所畏惧。]

　　鲨鱼飞速地逼近船艄，它咬大鱼的时候，老人看见了它张开的血盆大嘴和睁着的那双诡异的大眼睛，它咬住鱼尾巴上面一点儿的地方，牙齿嘎吱嘎吱地响。鲨鱼的头露在水面上，背部正在出水，老人听见那条大鱼的皮肉被撕裂的声音。这时，他用鱼叉朝下猛地扎进鲨鱼的脑袋，正扎在它两眼之间的那条线和从鼻子笔直通到脑后的那条线的交叉点上。这两条线其实是并不存在的，这都是老人自己想象出来的。只有那沉重、尖锐的蓝色脑袋，两只大眼睛和那嘎吱作响、似乎要吞噬一切的突出的两颚，可是那儿正是鲨鱼的大脑所在的地方，老人直朝它扎去。他使出全身的力气，用满是鲜血的双手，把一支好鱼叉向它扎去。他扎它，并不抱着希望，但是带着决心和十足的恶意。[赏析解读：老人凭借着自己对鲨鱼的了解，知道哪里才是它们的致命部位，并且在处于劣势的情况下，成功地把鱼叉插进了鲨鱼的脑袋，体现出老人高超的捕鱼技术和坚定的决心。]

　　鲨鱼翻了个身，老人看出它眼睛里已经没有生气了，紧接着它又翻了个身，自行缠上了两道绳子。老人知道这条鲨鱼快死了，但它还是不肯认输。这时它的肚皮朝上浮在海面上，尾巴一直在扑打着，两颚咬在一块嘎吱作响，像一条快艇划过水面时翻船后的情景。它的尾巴把水拍打得泛出白色泡沫，四分之三的身体露出水面。这时缠在鲨鱼身上的绳子更紧了，抖了一下，"啪"地断了。鲨鱼在水面上静静地躺了片刻，老人看着它，慢慢地沉入水中。

"它差不多吃掉了四十磅肉。"老人说出声来。它还带走了我的鱼叉，还有那么多绳子，他想，而且现在我这条鱼还在淌血，其他鲨鱼闻到血腥味，也会跟上来的。

　　他不忍心再看这死鱼一眼，因为它已经被咬得残缺不全了。大鱼遭到袭击的时候，他就感觉自己被袭击了一样。但是我已经杀死了这条袭击我的鱼的鲨鱼，他想。而它是我见到过的最大的登多索鲨。但谁知道呢，我也许会见到一些更大的。

　　好的运气一般都不会持久的，他想。但愿这是一场梦，我根本没有钓到这条鱼，而是正独自躺在铺着旧报纸的床上。[赏析解读：此刻的老人依然觉得自己身处梦中。不相信自己真的钓上了那么大一条鱼，然后又杀死了一条攻击自己的凶狠的鲨鱼。]

　　"不过人不是为失败而生的，"他说，"一个人可以被毁灭，但不能被打败。"
[赏析解读：这是文章的主旨句，也是老人勇于战斗的缘由。]

　　杀了这条鱼，我真的很伤心，他想。倒霉的时刻就要来了，现在我连鱼叉也没有了。这条登多索鲨残忍、能干、强壮、聪明。但是我比它更聪明。也许不是，他想。也许仅仅是我的武器比它的强。

第十一章　匕首改成兵器

[名师导读]

　　老人杀死了一条鲨鱼，然而又来了两条，此时的老人早已筋疲力尽，而且没有了鱼叉，处于绝对的劣势。老人会将好不容易捕捉到的大鱼拱手相让吗？他最后能顺利地将大鱼带回家吗？让我们拭目以待。

　　"别想啦，老头儿，"他说出声来，"顺着这航线行驶，事到临头再对付吧！"但我不能不去想啊，他想。因为我没有其他事情可想。哦，还有棒球。不知道那了不起的迪马吉奥是否喜欢我那样击中它的脑袋？这不是什么了不起的事，他想。任何人都做得到。但是，可不可以这样认为，我这双受伤的手跟骨刺一样是一个很大的不利条件？我没有办法知道，我的脚后跟从来就没有出现过毛病，除了有一次在游水时踩着了一条鳐鱼（是多种扁体软骨鱼的统称，分布于全世界大部分水区。有着扁平的菱形身体，胸鳍像一对大翅膀，游泳的时候像飞行一般。多数鳐鱼具有剧毒的尾刺，有时会致人死亡），被它扎了一下，小腿麻痹了，痛得真让人受不了。

　　"想点儿开心的事吧，老头儿，"他说，"每过一分钟，你就离家近一步。丢了四十磅鱼肉,你航行起来更轻快了。"他其实心里明白,等他驶进了海流的中部,会有什么样的事情在等着他,可是眼下一点办法也没有。

"不,有办法,"他说出声来,"我可以把刀子绑在一支桨的把子上。"[赏析解读:老人这时发现自己没有武器了,但他还是继续安慰自己,然后凭借着自己的创造力,发明了一把新武器。老人在处于绝对劣势的情况下依然能够保持冷静,是他能够捕捉到大鱼、战胜鲨鱼的重要原因之一。]

于是他用胳肢窝挟着舵柄,一只脚踩住了固定船帆的绳子,来制作他的新式武器。

"行了,"他说,"我还是一个老家伙,不过我有武器了。"

这时风刮得更加强劲了,他顺利地向回家的方向航行着。他只顾盯着鱼的上半身,慢慢地恢复了一点希望。

不抱希望的人才是笨蛋,他想。再说,我认为这是一桩罪过。别想什么罪过了,他想。麻烦已经够多了,还想什么罪过,更何况我根本不懂这个。[赏析解读:在这个世界上,不抱希望的人总是更容易成为失败的人,希望就是信念。]

我根本不懂这个,也不知道我会不会相信。也许杀死这条鱼是一桩罪过。我觉得是的,尽管我是为了养活自己并且让很多人吃上肉才干这个的。不过话得说回来,什么事都是罪过啊!别想罪过了吧!现在想它也实在太迟了,而且有些人专门领薪水来干这个(这里指的是神职人员),让他们去想吧!你天生就是个渔夫,正如那鱼天生就是一条鱼一样。圣彼得(圣彼得是耶稣十二使徒之一,一般认为是十二使徒之首,本是渔夫,后听耶稣布道并亲见神迹,跟随了耶稣。公元65年,被尼禄倒钉在十字架上而殉道)是个渔夫,跟那了不起的迪马吉奥的父亲一样。

但老人喜欢想一切跟他有关系的事情,而且因为没有书报可看,又没有收音机,他就想得很多,只顾想着罪过。你不光是为了养活自己,把鱼卖了买食品才杀死它的,他想。

你杀死它是为了自尊心,因为你是个渔夫。它活着的时候你爱它,它死了你还是爱它。如果你爱它,杀死它就不是罪过,也许是更大的罪过吧!

"你想得太多了,老头儿,"他说出声来。但你是在迫不得已的情况下杀死那条登多索鲨,他想。它跟你一样,靠吃活鱼维持生命。它不是食腐动物,也不像有些鲨鱼那样,只知道游来游去满足食欲。它是高尚而美丽的,什么都不害怕。"我杀死它是为了自卫,"老人说出声来,"杀得也很利索。"

再说,他想,每个生物都会杀死别的生物,只是有着不同的方式罢了。捕鱼养活了我,同样也快把我害死了。看到那孩子,我就有活下去的动力,他想。我可不能过分地欺骗自己。[赏析解读:老人的话充满了哲理。物竞天择,适者生存。并且他在内心深处十分爱那个孩子。]

他把身子探出船舷,从鱼身上被鲨鱼咬过的地方撕下一块肉,放在嘴里慢慢地咀嚼着,觉得肉质好极了,味道十分鲜美,坚实又多汁,像牲口的肉,不过不是红色的,一点筋也没有。他知道这鱼肉能在市场上卖最高的价钱。但他没有办法不让它的气味散布到水里去,老人知道糟糕透顶的时刻马上就要到了。

海风依旧轻轻地吹拂着,并稍微转向东北方,他明白,这表明风不会停下来。老人朝前方望去,看不到一丝帆的影子,也看不见一只船,甚至看不到船上冒出的烟。只看见一些飞鱼从他船头下被惊得跳跃了起来,向两边逃去,还有一摊摊黄色的马尾藻。天空中没有一只鸟,他已经航行了两个钟头,在船头歇着,有时候从大马林鱼身上撕下一点肉来咀嚼着,努力休息,保存体力。这时候,他看到了两条鲨鱼中首先露面的那一条。

"啊!"老人大声地喊了出来。那喊声就像一个人觉得钉子要穿过他的双手而情不自禁地发出的声音。[赏析解读:"钉子要穿过他的双手""情不自禁"说明老人的声音是不由自主发出来的,同时说明眼前的情况有多么糟糕,老人这时充满了绝望。]

"加拉诺鲨（即双髻鲨，头部有左右两个突起，每个突起上各有一只眼睛和一个鼻孔，两只眼睛相距1米，双髻鲨也因它的头部形状而得名。一般成群结队行动，是最凶猛的食人鲨之一，加拉诺在加利西亚语中的意思是'豪侠'）。"他说出声来。他看见第二条鲨鱼的背鳍冒了出来，根据这褐色的三角形鳍和甩来甩去的尾巴，老人认出它们正是加拉诺鲨。它们嗅到了血腥味，异常兴奋，因为饿昏了头，它们激动地游过来游过去，偶尔嗅不到气味，但最终它们还是找到了，它们一步步地在逼近。[赏析解读：此处生动而形象地写出了鲨鱼对大鱼志在必得的气势，正因为如此，才有了下文鲨鱼和老人之间的"恶战"。]

　　老人系紧帆脚索，卡住了舵柄，然后拿起上面绑着刀子的桨。他尽量将其高举起来，因为他那双手痛得不听使唤了。他把手张开，再轻轻捏住了桨，这样就减缓了手的疼痛感。

　　他紧紧地把手合拢，一边忍受着难以忍受的痛楚，一边注视着游过来的鲨鱼。他已经看见了它们那又宽又扁的铲子形状的脑袋和尖端呈白色的宽阔的胸鳍。它们是可恶的鲨鱼，身上有着难闻的气味。它们既杀害活鱼，也吃腐烂的死鱼，饥饿的时候甚至会咬船上的桨或者舵。就是这种鲨鱼，会趁海龟在水面上睡觉的时候咬掉它们的脚。这种鲨鱼还会在水里袭击人，即使这人身上并没有血腥味。

　　"啊！"老人说，"加拉诺鲨。来吧，加拉诺鲨。"

　　它们来了。但是它们游动的方式和之前那条灰鲭鲨不同。其中一条鲨鱼转了个身，钻到小船底下不见了，它用嘴拉扯着死鱼，老人觉得整条小船都在晃动。另一条用它那一条缝似的黄眼睛盯着老人，然后飞快地游了过来，半圆形的上、下颚大大地张开着，朝鱼身上被咬过的地方咬去。它那褐色的头顶和跟脊髓相连的地方有道清晰的纹路，老人把绑在桨上的刀子朝那交叉点扎进去，拔出来，再扎进这条鲨鱼的黄色眼睛。鲨鱼松开了嘴，身子往下沉，临死前还把咬下的肉吞了下去。

另一条鲨鱼正使劲地咬啮那条鱼,小船被弄得摇晃不已。老人马上放松了帆脚索,让小船横过来,使鲨鱼在船底下暴露出来。他一看见鲨鱼,就从船舷上探出身子,一桨朝它戳去。[赏析解读:面对鲨鱼们的猛烈攻击,老人无所畏惧,竭尽全力地保护自己的战利品。但是他的对手是如此强大,老人的希望会落空吗?]

他只戳在肉上,但鲨鱼的皮紧绷着,刀子几乎戳不进去。这一戳不仅震痛了他那双手,也震痛了他的肩膀。但是鲨鱼迅速地浮上来,露出了脑袋,老人趁它的鼻子伸出水面挨上那条大鱼的时候,对准它扁平的脑袋正中扎去。老人拔出刀刃,又朝那鲨鱼同一地方使劲地扎了一下。鲨鱼紧紧地咬着大鱼不松开,老人又一刀戳进它的左眼,鲨鱼还是死死地咬着。

"吃得还不够吗?"老人说着,把刀刃戳进它的脊骨和脑子之间。 这次扎起来很容易,他觉得它的软骨折断了。 老人把桨倒过来,把刀刃插进鲨鱼的两颚之间,想把它的嘴撬开。 他把刀刃一转,鲨鱼松了嘴溜开了,他说:"走吧,加拉诺鲨,溜到一英里深的水里去吧!去找你的朋友,也许那是你的妈妈吧!"

老人擦了擦刀刃,把桨放下。然后他摸到了帆脚索,张起帆来,使小船顺着原来的航线行驶。

"这大鱼已经被吃掉了四分之一,而且都是鱼身上最好的肉,"他说出声来,"但愿这是一场梦,我压根儿没有钓到它。我为这件事感到真抱歉,鱼啊!我把一切都搞糟啦!"他顿住了,此刻不想朝鱼看了。它的血都流光了,被海水冲刷着,看上去像镜子背面镀的银色,但身上的条纹依然可以看得出来。"我本来就不该出海到这么远的地方,鱼啊,"他说,"这对你对我都不好。我很抱歉,鱼啊!"

得了,他对自己说。我得去看看绑刀子的绳子断了没有。手啊,你快点好吧,因为一会儿还会有鲨鱼要来。[赏析解读:战斗已经结束了,但老人并没有放松警惕，时刻为可能会出现的困境做准备。说明他的海上经验极其丰富，思维极其缜密。]

　　"如果船上有块可以磨磨刀的石头就好了，"老人检查了绑在桨把子上的刀子后说，"我原该带一块磨刀石来的。"你应该带来的东西多着呐，他想。但你什么都没有带，老头儿啊！眼下可不是你想这些的时候，想想你能用手头现有的东西做什么事吧！

　　"我给了自己多少忠告啊，"他说出声来，"我自己都听得有些厌烦了。"他把舵柄夹在胳肢窝里，双手放在水中浸泡着，小船朝前行驶着。"天知道最后那条鲨鱼咬掉了多少鱼肉，"他说，"这船现在比之前轻盈多了。"他不愿去想那鱼残缺不全的肚子。他知道鲨鱼每次猛地咬过去，总要撕去一点肉，还知道这条大鱼给海上所有的鲨鱼留下了臭迹，宽得如同海面上的一条公路般。

　　它是条大鱼，可以让一个人吃上整整一个冬天，他想。现在还是别想这个了，先休息一下吧，让手恢复好，然后保护这剩下的鱼肉。水里的血腥味是如此浓厚，相比较而言，我手上的血腥味就算不上什么了。再说，这双手上出的血也不多，被割伤的地方都算不上什么，出血也许还能让我的左手不再抽筋。

　　我现在还有什么事可想？他想。什么也没有，我必须什么也不想，等待下一条鲨鱼的到来。多么希望这是一场梦啊，他想。不过谁说得准呢？也许最终的结果是好的。

[赏析解读：面对挫折，老人也会沮丧，但沮丧中还是不愿放弃希望。]

第十二章　连续不断的搏斗

[名师导读]

老人一次次地击退鲨鱼，但他阻止不了大鱼被这些鲨鱼一点点地蚕食，最终只剩下一副骨架。老人自认为自己是失败的。但在读者的心中，他是成功而伟大的。

没过多长时间，又来了一条铲鼻鲨（又叫田氏鲨，是角鲨的一种，头平扁，鼻孔小，眼睛大）。它来势汹汹，就像一头奔向饲料槽的猪。如果说猪能有这么大的嘴，能塞进人的脑袋的话。老人故意让它咬住了鱼，然后把桨上绑着的刀子扎进它的脑子。但是鲨鱼朝后猛地一扭，翻滚了一下，刀刃"啪"的一声断了。

老人坐了下来，重新掌舵。他此时不用去看，也知道那条大鲨鱼慢慢地沉入了水中，它最开始是那么大，然后慢慢变小，最后只剩一点点。从前这种情景会让老人看得如痴如醉（形容一种忘我的精神状态），但这会儿他看也不看一眼。

"我现在还有一根鱼钩，"他说，"不过它没什么用处。我还有两把桨、那个舵把以及那根短棍。"[赏析解读：老人手上对付鲨鱼的武器已经越来越少，但是对手依然强大。老人的处境变得异常艰难。]

我已经被它们打败了，他想。我太老了，不能用棍子打死鲨鱼了。但是只要我有桨、短棍和舵把，我就要试试。他再次把双手浸泡在水中。下午渐渐过去，黄昏就要来临，除了海洋和天空，他什么都看不见。空中的风比刚才大了一些，也许我马上就能看见陆地了，老人想。

"你已经累得快趴下了，老家伙，"他说，"你骨子里已经疲惫不堪了。"

直到快日落的时候，鲨鱼才再次袭击这条大鱼。

老人看见两片褐色的鳍正顺着那鱼在水里留下的很宽的臭迹游了过来，它们笔直而坚定地游向小船。

他将舵把放了下来，系紧帆脚索，伸手到船艄下拿棍子。它原是个桨把，是从一支断桨上锯下来的，大约两英尺半长。因为它上面有个把手，所以一只手就能很好地掌控它。老人用右手死死地攥住了它，望着游过来的鲨鱼。这两条都是加拉诺鲨。

我必须掌握好时机，等第一条鲨鱼紧紧地咬住了大鱼，我才能打它的鼻尖，或者直朝它头顶正中打去，他想。[赏析解读：这已经是老人与鲨鱼的第四场搏斗了，他手中的武器的杀伤力已经大不如前了，鲨鱼却又来了两条。面对如此悬殊的实力，老人没有丧失斗争的力量和勇气。]

两条鲨鱼并排着慢慢地逼近，一看到离他较近的那条鲨鱼张开嘴直咬进那鱼的银色肚腹，他就高高举起棍子，重重地打了下去，"砰"的一声打在鲨鱼宽阔的头顶上。棍子落下去的时候，他觉得好像打在坚韧的橡胶上，但也感觉到坚硬的骨头。他就趁鲨鱼稍微松了一下嘴朝下溜的当儿，再重重地朝它鼻尖上打了一下。

另一条鲨鱼这时张大了嘴，扑了上来。它撞在鱼身上，将两颚合上，老人看见一块块白色的鱼肉从它嘴角漏出来。他抡起棍子朝它打去，只打中了头部，鲨鱼朝他看了看，把咬在嘴里的肉一口撕下。老人趁它将鱼肉吞进肚子的时候，又抡起棍子朝它打去，只打中了它那厚实而坚韧如同橡胶一样的地方。

"来吧，加拉诺鲨，"老人说，"再过来吧！"

鲨鱼冲上前来，老人趁它合上两颚时狠狠地给了它一下。他这回可是实打实地打中了。他觉得自己打中了鲨鱼脑子后部的骨头，于是朝同一部位又是狠狠地一下，鲨鱼呆滞地撕下嘴里咬着的鱼肉，从鱼身边溜下去了。

老人注视着，等它们再来，但两条鲨鱼最终都没有露面。接着他看见其中的一条在海面上打转，另外一条不知去哪里了。

我没法指望打死它们了，他想。我年轻力壮的时候，这都是容易的事情。但是现在我已经老了，不过它们都被我打得身负重伤，它们谁都别想好过。要是我能用双手抡起一根棒球棒，我准能把第一条打死。即使现在我也能做到，他想。[赏析解读：老人开始回忆往事，对自己的状态不如从前这个事实，他感到有些遗憾，却依然充满信心。]

他不愿再看那条大鱼了，他知道鲨鱼已经咬烂了它半个身子。他刚才跟鲨鱼搏斗的时候，太阳已经完全落下去了。

"黑夜马上就要降临了，"他说，"那时候我将看见哈瓦那的灯火。如果我往东走得太远了，也能看见一个刚刚开辟的海滩上的灯光。"

我现在离陆地不会太远，他想。我希望没人为此担心。当然啦，只有那孩子会担心我。但是我知道他一定对我有信心。好多老渔夫也会担心我，可能还会有其他的人，他想。我住在一个好镇子（这里有渔业加工，有酒馆，有旅游业，但贫穷又落后，可以说是大渔村或小镇子）里啊！[赏析解读：老人在和鲨鱼搏斗之后，想起了镇子上的人们对自己的关心，心态依旧十分乐观。]

他不能再跟这条鱼说话了，因为它被鲨鱼糟蹋得太厉害了。

紧接着，他突然想起了一件事。

"半条鱼，"他说，"你原来是条完整的大鱼。我很抱歉，我出海太远了。我把咱俩都毁了。不过你跟我一起杀死了不少鲨鱼，还打伤了好多条鲨鱼。你曾经杀死过多少啊，鱼儿？你头上长着的那只长嘴，可是一把利器，那可不是白长的啊！"

他喜欢想到这条鱼，想象着如果它在海面上自由自在地游动的时候，会怎样去对付一条鲨鱼。我应该砍下它这长嘴，拿来跟那些鲨鱼搏斗，他想。但是没有手斧（较普通斧头尺寸小些，便于携带，甚至可以藏于袖中），那把刀子也弄丢了。

如果我把这长嘴砍了下来，我就能把它绑在桨把上，这是多好的武器啊！这样，我们就能一起跟鲨鱼搏斗了。要是它们夜里来，你该怎么办？你又有什么办法？

"跟它们斗，"他说，"一直战斗到死。"[赏析解读：老人的这句自言自语体现了他无比坚定的信念，不服输的个性再次跃然纸上。]

但是，眼下黑漆漆一片，什么都看不见，夜空中没有星星，也看不见灯火，只有风和那稳定地拉曳着的帆，他觉得自己已经死了。他合上双手，将掌心互相摩擦了一下。这双手没有死，他只要碰碰它们，就能感受到那钻心的痛楚。他靠在船艄上，知道自己没有死。这是他的肩膀告诉他的。

我许过愿，如果逮住了这条鱼，要念多少遍祈祷文，他想。不过我现在太累了，没法念。我还是把麻袋拿来披在肩上吧！

他躺在船艄掌着舵，注视着天空，等待着星星的出现。我还有半条鱼，他想。也许我运气好，能把前半条带回去。我多少总该有点运气吧！不，他说。你出海太远了，把好运给冲掉了。

"别傻了，"他说出声来，"保持清醒，掌好舵。你也许还有好运呢！"

"要是有什么地方卖好运,我倒想买一些,"他说,"我能拿什么来买呢?"他问自己。能用一支弄丢了的鱼叉、一把折断的刀子和两只受了伤的手吗?

"也许能,"他说,"我曾拿在海上倒霉的八十四天来买它。人家也几乎把它卖给了我。"

我不能再胡思乱想,他想。好运这玩意儿,来的时候有许多不同的方式,谁认得出来啊?可不管什么样的好运,我都要一点儿,要多少钱就给多少钱。但愿我能看到海上的灯光,他想。我的愿望太多了。但眼下的愿望就只有这个。他竭力坐得舒服些,好好掌舵,因为疼痛,他知道自己并没有死。[赏析解读:在这场与大海、大鱼甚至鲨鱼的斗争中,老人用自己丰富的海上经验、斗争技巧,以及沉着冷静、准确无误的判断,进行着毫不犹豫地反击,始终和自己的运气较量。就算最后在这场较量中死去,老人也不后悔,因为他努力拼搏过。]

大约夜里十点的时候,他终于看到港口那零零散散的灯光了。

起初只能依稀地看到一点点,就像月亮升起时天上微弱的光亮一般,然后一点点地变得清晰起来。海风越吹越大,海面上波涛汹涌,港口就在翻腾的海浪后面。他努力地朝有灯光的方向划去,要不了多久就能驶到湾流的边缘了。

现在我总算能安静一会儿了,他想。它们也许还会再来袭击我。不过,一个人在黑夜里,没有武器,怎样才能对付它们呢?他感到身体既僵硬又特别疼痛。在寒风习习的夜晚里,他身上所有的地方都在疼痛。我希望不要再有什么意外的事情发生了,他想。我真希望不要再搏斗了。[赏析解读:经过长时间的战斗,就算是年轻力壮的人也有些支撑不住了。此刻老人的心理活动说明他已疲惫至极,希望能早日回到家中休息。]

但是到了午夜,他的希望再次落空了,而这一回他意识到,搏斗也是徒劳。成群结队的鲨鱼游了过来,扑向那条大鱼,他只看见它们的鳍在水面上划出的一道道线,在月光下闪射一道道磷光。他朝它们的头打去，听到上下颚啪地咬住鱼肉的声音，它们在船底争抢着，船也跟着晃动了起来。他什么都看不见，但能听到和感觉到，然后他不顾死活地挥棍打去，他感觉到鲨鱼咬住了棍子，就这样，棍子也弄丢了。

他把舵猛地扭了下来，然后双手牢牢地拿住了，朝鲨鱼狠狠地打了过去。可是它们此刻都狡猾地围在船头，一条接一条地蹿上来，成群地咬下一块块鱼肉。翻腾的海水中，这些鱼肉闪闪发光。[赏析解读：群鲨围攻，老人险象环生，但他无所畏惧地扭下舵，用舵来反击。机智勇敢的硬汉形象栩栩如生。]

最后，有条鲨鱼扑向鱼头，他知道这下子完蛋了。他把舵把朝鲨鱼的脑袋抡去，打在它咬住厚实的鱼头的两颚上。一次，两次……他听见舵把"啪"的一声断了，就把断下的把手扎向鲨鱼。他感到它扎了进去，知道它很锋利，就再把它扎向鲨鱼。鲨鱼松了嘴，一翻身游走了。这是这群鲨鱼中的最后一条。因为大鱼都被它们吃光了，它们再也没有什么可吃的了。

老人这时简直喘不过气来，觉得嘴里有股怪味。这味道带着铜腥气，又腥又甜，他一时害怕起来，还好，这味道并不浓烈。

他朝海里啐了一口说："你们胜利了，加拉诺鲨。做个梦吧，梦见你杀了一个人。"

他不得不承认，他终于被鲨鱼打败了，并且没有补救的办法了。[赏析解读：老人从内心深处承认自己失败了，因为他没有保护好自己的大鱼，但是他那勇于拼搏的高大形象是如此令人钦佩，这样的一个老人是成功而伟大的。]

第十三章　永不言败的英雄

[名师导读]

鲨鱼吃掉了老人好不容易捕到的大鱼,他将如何面对镇子上那些关心他的人们呢?他回家了,与他日思夜想的孩子终于见面了,孩子有什么样的感受呢?

他回到船艄,发现舵把那锯齿形的断头还可以安在舵的夹槽里,勉强可以用来掌舵。他把麻袋围在肩头,让小船顺着航线驶去。船航行得很轻松,他什么都不想,什么感觉也没有。他觉得自己已经超脱了,一切都已经无所谓了,只要让小船顺利地返回家乡的港口就好。夜里还有些鲨鱼来咬这死鱼的残骸,就像人从饭桌上捡面包屑拿来吃一样。老人不去理睬它们,除了掌舵以外他什么都不管,只留意小船边上是否有东西阻碍船的行驶,此时的小船行驶得异常顺利。

船还是好好的,他想。它是完好的,没受一点儿损伤,除了那个舵把,那很容易更换。

老人感觉自己的小船已经在湾流中行驶了,并且他已经能看见沿岸那些海滨住宅区的灯光了。他心里明白自己这时已经到了什么地方,他已经在回家的路上了。不管怎么样,风总是我们的朋友,他想。不过他加上一句:有时候是。还有大海,海里有我们的朋友,也有我们的敌人。不过床才是我们真正的朋友,床是一件了不起的东西,不管我们打了多大的败仗,躺在床上就会感觉到很舒服。他想。我从来没有像现在这样渴望躺在床上。那么是什么把你打败的,他想。"什么也没有,"他说出声来,"只怪我出海太远了。"[赏析解读:面对失败,老人并无气馁之色,相反,他只是感叹自己没有做好准备,也许下次能做得更好。]

等小船驶进小港时,露台饭店的灯光全熄灭了,他知道人们此刻都进入了梦乡。海风此时已经刮得很猛了。但港湾里一切都是静悄悄的,他直接驶到岩石下一小片卵石滩前。没人来帮忙,他只好竭尽全力把船划得紧靠岸边,然后跨出船来,把它系在一块岩石上。

他拔下桅杆,把帆卷起,系住,然后扛起桅杆往岸上走去。这时候他才意识到自己透支了所有的体力。他停了一会儿,回头一望,在街灯微弱的灯光下,他看见那条鱼的大尾巴直竖在小船船艄后边,那赤裸的脊骨如同一条白线,那突出的长嘴和黑黝黝的脑袋是如此硕大,而在这头尾之间却什么都没有。

他回过头来,努力地往上爬,到了顶部,然后栽倒在地。他在地上躺了一会儿,桅杆还是横在肩上。他努力地爬起来。可是太困难了,他就扛着桅杆坐在那儿,望着大路。一只猫轻手轻脚地从对面走了过来,去干它自己的事,老人注视着它,它却只看着自己脚下的路。

最后,他放下桅杆,站了起来,然后重新把桅杆扛在肩上,顺着大路走去。他走走停停的,在路上一共休息了五次,才回到他的窝棚。[赏析解读:海上的生死搏斗终于结束了,老人终于回到了自己的家。此时的他已经透支了所有体力,疲惫至极。]

进了窝棚,他把桅杆靠在墙上,摸黑找到一只水瓶,喝了一口水,然后在床上躺下了。他拉起毯子盖住两肩,然后裹住了背部和双腿,脸朝下躺在报纸上,两臂伸得笔直,手心向上。

早上，孩子朝门内张望，发现老人正熟睡着。风刮得正猛，那些漂网渔船不会出海了，所以孩子睡了个懒觉，跟每天早上一样，他起床后就到老人的窝棚来。孩子听见老人沉重的呼吸声，紧接着看见老人的那双手后，就流出了眼泪。孩子蹑手蹑脚地走了出来，想去拿点儿咖啡，一路上边走边哭。

许多渔夫正围着老人的那条小船，看着绑在船旁的东西，在边上评论着。有一名渔夫卷起了裤腿站在水里，用一根钓索在量那死鱼的残骸。

孩子一直往前走着，并没有停下来。他刚才已经来这里看过了，并且央求其中一个渔夫替他看管这条小船。

"他怎么样了？"一名渔夫大声叫道。

"在睡觉，"孩子大声地回答。他不在乎人家看见他在哭，"谁都别去打扰他。"

"这条鱼从鼻子到尾巴有十八英尺长，"那量鱼的渔夫叫道。

"我相信。"孩子说。[赏析解读：从这副骨架可以看出这条鱼的庞大，从而证明了老人有着过人的能力，也让他往日的威信得到了恢复。渔夫们眼神中流露出赞赏，老人已经得到了属于他的胜利。]

孩子走进露台饭店，要了一罐咖啡（并不是罐装咖啡，而是炼乳罐头当杯子盛放的咖啡）。

"要烫，多加些牛奶和糖在里头。"

"还要其他的吗？"

"不要了。等他醒了后，我看看他还想吃点儿什么。"

"这鱼真大啊，"饭店老板说道，"我从来没有见过这么大的鱼。你昨天捕到的那两条也很不错。"

"我的鱼，见鬼去吧！"孩子说完，又哭起来了。

"你想喝点儿什么吗？"老板问。

"不要，"孩子说，"让他们都别去打扰圣地亚哥。我马上就回来。"

"替我问候一下圣地亚哥。"

"谢谢。"孩子说。

孩子拿着那罐热咖啡直接来到老人的窝棚，在他身边坐下，等他醒过来。孩子有时看到老人的眼睛快要睁开了，马上就要醒过来了，但又沉沉地睡了过去。孩子就站了起来，从门里走了出来，穿过大路去借些木柴来热咖啡。[赏析解读：生活恢复平静后，陪伴在老人身边的是他时时刻刻想念的孩子，这样的场面十分的温馨。]

老人终于醒了。

"再躺会儿吧，"孩子说，"把这个喝了。"他倒了些咖啡在一只玻璃杯里。

老人把它接过去喝了。

"它们把我打败了，马诺林，"他说，"我输得很彻底。"[赏析解读：老人认为自己被击败了，但他其实是真正的胜利者，因为他从未向大海、大鱼和鲨鱼屈服过。]

"它没有打败你。那条大鱼可没有打败你。"

"对。我是在后来才被打败的。"

"佩德里科在看守小船和捕鱼的工具。你打算怎么处理那鱼头？"

"交给佩德里科来处理吧，把它切碎了放在捕鱼机里，做地笼网（一种近岸布置的诱捕工具，鱼进去后很难再出来）里的鱼饵吧。"

"那张长嘴呢？"

"你想要就拿去吧。"

"好的，给我吧，"孩子说，"现在我们得来商量一下别的事情。"

"他们来找过我吗？"

"当然了，海岸警卫队和飞机都开始到处寻找你了。"

"海洋非常大，小船很小，不容易被发现，"老人说。他此时感到十分愉快，终于有人陪他说话了，他不用再自言自语。"我很想念你，马诺林，"他说，"你们这些天有什么收获？"

"第一天我们捕了一条鱼，第二天一条，第三天两条。"

"你们还是挺不错的。"

"现在我们又可以一起捕鱼了。"

"不。我运气不好。恐怕今后都是这个样子。"

"去他的好运，"孩子说，"还有我呢，我会带来好运的。"[赏析解读：老人永远都是孩子心目中真正的英雄，所以孩子决定回到老人身边，向他学习捕鱼经验。]

"你父母会同意吗？"

"我不在乎。我昨天逮住了两条鱼。我还是情愿和您一起捕鱼，因为我还有好多东西需要向您学习。"[赏析解读：孩子觉得需要向老人学习的地方太多了，并且他也希望成为如同老人一样的硬汉。]

"我们得弄一支能扎死鱼的好鱼叉，可以用一辆旧福特牌汽车上的钢板做矛头。我们可以将其拿到瓜纳巴科亚（古巴中西部城市，首都哈瓦那的卫星城，在哈瓦那以东5000米）去磨，把它磨得锋利点，不用回火锻造，免得它会断裂。我的刀子没有了。"

"这个交给我吧，我去弄把刀子来，钢板的事情也交给我。这大风到底要刮到什么时候？"

"也许三天，也许还不止。"

"我会把一切都安排好的，"孩子说，"您的任务就是把手养好，爷爷。"

"它们很快就会恢复好。夜里我吐出了一些奇怪的东西，感到胸膛里有什么东西碎了。"

"把身体也养好，"孩子说，"躺下吧，爷爷，我去给您拿件干净衬衫来，再带点儿吃的来。"

"如果可以的话，把这几天的报纸也带来一份。"老人说。

"您得赶快好起来，因为我还有好多东西需要向您学习呢，您可以把一身的本领都教给我。您吃了多少苦啊！"

"这倒是事实。"老人说。

"我去拿吃的东西和报纸，"孩子说，"好好休息，爷爷。我到药房给您弄点儿药过来。"

"别忘了跟佩德里科说声，那鱼头给他了。"

"不会，我记得。"

孩子出了门，顺着那磨损的珊瑚石路走去。一路上，他又哭了出来。[赏析解读：孩子被老人的英雄事迹感动着，同时也是心疼老人受了不少苦，此时的眼泪充满着他对老人的关心。可以想见，在老人出海的这几天里，孩子的内心有多么担心和煎熬。]

那天下午，露台饭店来了一群旅游者，其中有个女人朝下面的海水望去，看见在一些空酒听和死梭子鱼（主要分布于热带及亚热带海域，较常出现于珊瑚礁和礁石附近。体形狭长，可长达 1.8 米。口大且有长如狼牙一样突出的尖牙，因此又称为海狼鱼）之间，有一条又粗又长的白色脊骨，一端有条翘在上面的巨大尾巴。当东风不断地掀起大浪的时候，这尾巴就随着海浪摇摆不定。

"那是什么？"她指着那条大鱼的长长的脊骨，向酒店的一名侍者问道。它如今似乎成了一堆垃圾，只等潮水来把它带走了。

"也许是一条大鲨鱼，"侍者发音不准地说道，"我也是听别人说的。"他原本想解释一下事情的来龙去脉的。

"我不知道鲨鱼有这样漂亮的尾巴，真奇特。"

"我也是第一次见到。"她的男伴说。

在大路另一头的窝棚里，老人又沉沉地睡了过去。他依旧脸朝下躺着，孩子坐在他身边，安静地守着他。老人正梦见狮子。[赏析解读：文章中曾多次出现"梦中的狮子"，此刻又以梦见狮子结尾，与老人的勇气、力量遥相呼应，代表着老人身上勇往直前、无所畏惧的精神，令人心生敬佩，回味无穷。]